左宗棠家训
译注

［清］左宗棠　著

彭昊　张四连　选编／译注

上海古籍出版社

"十三五"国家重点图书出版规划项目

上海市促进文化创意产业发展财政扶持资金资助项目

湖南省教育科学规划课题、湖南省社会科学基金项目阶段性成果

目录

"中华家训导读译注丛书"出版缘起

一、家训与传统文化

中国传统文化的复兴已然是大势所趋，无可阻挡。而真正的文化振兴，随着发展的深入，必然是由表及里，逐渐贴近文化的实质，即回到实践中，在现实生活中发挥作用，影响和改变个人的生活观念、生命状态，乃至改变社会生态，而不是仅仅停留在学院中的纸上谈兵，或是媒体上的自我作秀。这也已然为近年的发展进程所证实。

文化的传承，通常是在精英和民众两个层面上进行，前者通过经典研学和师弟传习而薪火相传，后者沉淀为社会价值观念、化为乡风民俗而代代相承。这两个层面是如何发生联系的，上层是如何向下层渗透的呢? 中华文化悠久的家训传统，无疑在其中起到了重要作用。士子学人

（文化精英）将经典的基本精神、个人习得的实践经验转化为家训家规教育家族子弟，而其中有些家训，由于家族的兴旺发达和名人代出，具有很好的示范效应，而得以向外传播，飞入寻常百姓家，进而为人们代代传诵，其本身也具有经典的意味了。由本丛书原著者一长串响亮的名字可以看到，这些著作者本身是文化精英的代表人物，这使得家训一方面融入了经典的精神，一方面为了使年幼或文化根基不厚的子弟能够理解，并在日常生活中实行，家训通常将经典的语言转化为日常话语，也更注重实践的方便易行。从这个意义上说，家训是经典的通俗版本，换言之，家训是我们重新亲近经典的桥梁。

对于从小接受现代教育（某种模式的西式教育）的国人，经典通常显得艰深和难以接近（其中的原因，下文再作分析），而从家训入手，就亲切得多。家训不仅理论话语较少，更通俗易懂，还常结合身边的或历史上的事例启发劝导子弟，特别注重从培养良好的生活礼仪习惯做起，从身边的小事做起，这使得传统文化注重实践的本质凸显出来（当然经典也是在在处处都强调实践的，只是现代教育模式使得经典的实践本质很容易被遮蔽）。因此，现代人学习传统文化，从家训入手，不失为一个可靠而方便的途径。

此外，很多人学习家训，或者让孩子读诵家训，是为了教育下一代，这是家训学习更直接的目的。年青一代的父母，越来越认识到家庭教育的重要性，并且在当前的语境中，从传统文化为内容的家庭教育可以在很大程度上弥补学校教育的缺陷。这个问题由来已久，自从传统教育让位于西式学校教育（这个转变距今大约已有一百年）以来，很多有识之士认识到，以培养完满人格为目的、德育为核心的传统教育，被以知识技能教育为主的学校教育取代，因而不但在教育领域产生了诸多问题，并且是很多社会问题的根源。在呼吁改革学校教育的同时，很多文化精英选择了加强家庭教育来做弥补，比如被称为"史上最强老爸"的梁启超自己开展以传统德育为主的家庭教育配合西式学校，成就了"一门三院士，九子皆才俊"的佳话（可参阅上海古籍出版社《我们今天怎样做父亲：梁启超谈家庭教育》）。

本丛书即是基于以上两个需求，为有志于亲近经典和传统文化的人，为有意尝试以传统文化为内容的家庭教育、希望与儿女共同学习成长的朋友量身定做的。丛书精选了历史上最有代表性的家训著作，希望为他们提供切合实用的引导和帮助。

二、读古书的障碍

现代人读古书，概括说来，其难点有二：首先是由于文言文接触太少，不熟悉繁体字等原因，造成语言文字方面的障碍。不过通过查字典、借助注释等办法，这个困难还是相对容易解决的。更大的障碍来自第二个难点，即由于文化的断层，教育目标、教育方式的重大转变，使得现代人对于古典教育、对于传统文化产生了根本性的隔阂，这种隔阂会反过来导致对语词的理解偏差或意义遮蔽。

试举一例。《论语》开篇第一章：

子曰："学而时习之，不亦说（"说"，通"悦"）乎？有朋自远方来，不亦乐乎？人不知而不愠，不亦君子乎？"

字面意思很简单，翻译也不困难。但是，如何理解句子的真实含义，对于现代人却是一个考验。比如第一句，"学而时习之"，很容易想当然地把这里的"学"等同于现代教育的"学习知识"，那么"习"就成了"复习功课"的意思，全句就理解为学习了新知识、新课程，要经常复习它——一直到现在，中小学在教这篇课文时，基本还是这么解释的。但是这里有个疑问：我们每天复习功课，真的会很快乐吗？

对古典教育和传统文化有所理解的人，很容易看到，这里发生了根本性的理解偏差。古人学习的目的跟现代教育不一样，其根本目的是培养一个人的德行，成就一个人格完满、生命充盈的人，所以《论语》通篇都在讲"学"，却主要不是传授知识，而是在讲做人的道理、成就君子的方法。学习了这些道理和方法，不是为了记忆和考试，而是为了在生活实践中去运用、在运用时去体验，体验到了、内化为生命的一部分才是真正的获得，真正的"得"即生命的充盈，这样才能开显出智慧，才能在生活中运用无穷（所以孟子说：学贵"自得"，自得才能"居之安""资之深"，才能"取之左右逢其源"）。如此这般的"学习"，即是走出一条提升道德和生命境界的道路，到达一定生命境界高度的人就称之为君子、圣贤。养成这样的生命境界，是一切学问和事业的根本（因此《大学》说

"自天子以至于庶人，壹是皆以修身为本"），这样的修身之学也就是中国文化的根本。

所以，"学而时习之"的"习"，是实践、实习的意思，这句话是说，通过跟从老师或读经典，懂得了做人的道理、成为君子的方法，就要在生活实践中不断（时时）运用和体会，这样不断地实践就会使生命逐渐充实，由于生命的充实，自然会由内心生发喜悦，这种喜悦是生命本身产生的，不是外部给予的，因此说"不亦说乎"。

接下来，"有朋自远方来，不亦乐乎"，是指志同道合的朋友在一起共学，互相交流切磋，生命的喜悦会因生命间的互动和感应，得到加强并洋溢于外，称之为"乐"。

如果明白了学习是为了完满生命、自我成长，那么自然就明白了为什么会"人不知而不愠"。因为学习并不是为了获得好成绩、找到好工作，或者得到别人的夸奖；由生命本身生发的快乐既然不是外部给予的，当然也是别人夺不走的，那么别人不理解你、不知道你，不会影响到你的快乐，自然也就不会感到郁闷（"人不知而不愠"）了。

以上的这种理解并非新创。从南朝皇侃的《论语义疏》到宋朱熹的《论语集注》（朱熹《集注》一直到清朝都是最权威和最流行的注本），这种解释一直占主流地位。那么问题来了，为什么当代那么多专家学者对此视而不见呢？程树德曾一语道破："今人以求知识为学，古人则以修身为学。"（见程先生撰于1940年代的《论语集释》）之所以很多人会误解这三句话，是由于对古典教育、传统文化的根本宗旨不了解，或者不认同，导致在理解和解释的时候先入为主，自觉或不自觉地用了现代观念去"曲解"古人。因此，若使经典和传统文化在今天重新发挥作用，首先需要站在古人的角度理解经典本身的主旨，为此，在诠释经典时，就需要在经典本身的义理与现代观念之间，有一个对照的意识，站在读者的角度考虑哪些地方容易产生上述的理解偏差，有针对性地作出解释和引导。

三、家训怎么读

基于以上认识，本丛书尝试从以下几个方面加以引导。首先，在每种书前冠以导读，对作者和成书背景做概括介绍，重点说明如何以实践为中心读这本书。

再者，在注释和白话翻译时尽量站在读者的立场，思考可能发生的遮蔽和误解，加以解释和引导。

第三，本丛书在形式上有一个新颖之处，即在每个段落或章节下增设"实践要点"环节，它的作用有三：一是说明段落或章节的主旨。尽量避免读者仅作知识性的理解，引导读者往生活实践方面体会和领悟。

二是进一步扫除遮蔽和误解，防止偏差。观念上的遮蔽和误解，往往先入为主比较顽固，仅仅靠"简注"和"译文"还是容易被忽略，或许读者因此又产生了新的疑惑，需要进一步解释和消除。比如，对于家训中的主要内容——忠孝——现代人往往从"权利平等"的角度出发，想当然地认为提倡忠孝就是等级压迫。从经典的本义来说，忠、孝在各自的语境中都包含一对关系，即君臣关系（可以涵盖上下级关系），父子关系；并且对关系的双方都有要求，孔子说"君君、臣臣，父父、子子"，是说君要有君的样子，臣要有臣的样子，父要有父的样子，子要有子的样子，对双方都有要求，而不是仅仅对臣和子有要求。更重要的是，这个要求是"反求诸己"的，就是各自要求自己，而不是要求对方，比如做君主的应该时时反观内省是不是做到了仁（爱民），做大臣的反观内省是不是做到了忠；做父亲的反观内省是不是做到了慈，做儿子的反观内省是不是做到了孝。（《礼记·礼运》："何谓人义？父慈、子孝，兄良、弟悌，夫义、妇听，长惠、幼顺，君仁、臣忠。"）如果只是要求对方做到，自己却不做，就完全背离了本义。如果我们不了解"一对关系"和"自我要求"这两点，就会发生误解。

再比如古人讲"夫妇有别"，现代人很容易理解成男女不平等。这里的"别"，是从男女的生理、心理差别出发，进而在社会分工和责任承担方面有所区别。不是从权利的角度说，更不是人格的不平等。古人以乾坤二卦象征男女，乾卦的特质是刚健有为，坤卦的特征是宁顺贞静，乾德主动，坤德顺乾德而动；二者又是互补的关系，乾坤和谐，天地交感，才能生成万物。对应到夫妇关系上，做丈夫需要有担当精神，把握方向，但须动之以义，做出符合正义、顺应道理的选择，这样妻子才能顺之而动（"夫义妇听"），如果丈夫行为不合正义，怎能要求妻子盲目顺从呢？同时，坤德不仅仅是柔顺，还有"直方"的特点（《易经·坤·象》："六二之动，直以方也"），做妻子也有正直端方、勇于承担的一面。在传统家庭中，如果丈夫比较昏暗懦弱，妻子或母亲往往默默支撑起整个家庭。总之，夫妇有别，也需要把握住"一对关系"和"自我要求"两个要点来理解。

除了以上所说首先需要理解经典的本义，把握传统文化的根本精神，同时也需要看到，经典和文化的本义在具体的历史环境中可能发生偏离甚至扭曲。当一种文化或价值观转化为社会规范或民俗习惯，如果这期间缺少文化精英的引领和示范作用，社会规范和道德话语权很容易被权力所掌控，这时往往表现为，在一对关系中，强势的一方对自己缺少约束，而是单方面要求另一方，这时就背离了经典和文化本义，相应的历史阶段就进入了文化衰敝期。比如在清末，文化精神衰落，礼教丧失了其内在的精神（孔子的感叹"礼云礼云，玉帛云乎哉？乐云乐云，钟鼓云乎哉？"就是强调礼乐有其内在的精神，这个才是根本），成为了僵化和束缚人性的东西。五四时期的很大一部分人正是看到这种情况（比如鲁迅说"吃人的礼教"），而站到了批判传统的立场上。要知道，五四所批判的现象正是传统文化精神衰敝的结果，而非传统文化精神的正常表现；当代人如果不了解这一点，只是沿袭前代人一些有具体语境的话语，其结果必然是道听途说、以讹传讹。而我们现在要做的，首先是正本清源，了解经典的本义和文化的基本精神，在此基础上学习和运用其实践方法。

三是提示家训中的道理和方法如何在现代生活实践中应用。其中关键的地方是，由于古今社会条件发生了变化，如何在现代生活中保持家训的精神和原则，而在具体运用时加以调适。一个突出的例子是女子的自我修养，即所谓"女德"，随着一些有争议的社会事件的出现，现在这个词有点被污名化了。前面讲到，传统的道德讲究"反求诸己"，女德本来也是女子对道德修养的自我要求，并且与男子一方的自我要求（不妨称为"男德"）相配合，而不应是社会（或男方）强加给女子的束缚。在家训的解读时，首先需要依据上述经典和文化本义，对内容加以分析，如果家训本身存在僵化和偏差，应该予以辨明。其次随着社会环境的变化，具体实践的方式方法也会发生变化。比如现代女子走出家庭，大多数女性与男性一样承担社会职业，那么再完全照搬原来针对限于家庭角色的女子设置的条目，就不太适用了。具体如何调适，涉及到具体内容时会有相应的解说和建议，但基本原则与"男德"是一样的，即把握"女德"和"女礼"的精神，调适德的运用和礼的条目。此即古人一面说"天不变道亦不变"（董仲舒语），一面说礼应该随时"损益"（见《论语·为政》）的意思。当然，如何调适的问题比较重大，"实践要点"中也只能提出编注者的个人意见，或者提供一个思路供读者参考。

综上所述，丛书的全部体例设置都围绕"实践"，有总括介绍、有具体分析，反复致意，不厌其详，其目的端在于针对根深蒂固的"现代习惯"，不断提醒，回到经典的本义和中华文化的根本。基于此，丛书的编写或可看做是文化复兴过程中，返本开新的一个具体实验。

四、因缘时节

"人能弘道，非道弘人。"当此文化复兴由表及里之际，急需勇于担当、解行相应的仁人志士；传统文化的普及传播，更是迫切需要一批深入经典、有真实体验又肯踏实做基础工作的人。丛书的启动，需要找到符合上述条件的编撰者，我深知实非易事。首先想到的是陈椰博士，陈博士生长于宗族祠堂多有保留、古风犹存的潮汕地区，对明清儒学深入民间、淳化乡里的效验有亲切的体会；令我喜出望外的是，陈博士不但立即答应选编一本《王阳明家训》，还推荐了好几位同道。通过随后成立的这个写作团队，我了解到在中山大学哲学博士（在读的和已毕业的）中间，有一拨有志于传统修身之学的朋友，我想，这和中山大学的学习氛围有关——五六年前，当时独学而少友的我惊喜地发现，中大有几位深入修身之学的前辈老师已默默耕耘多年，这在全国高校中是少见的，没想到这么快就有一批年轻的学人成长起来了。

郭海鹰博士负责搜集了家训名著名篇的全部书目，我与陈、郭等博士一起商量编选办法，决定以三种形式组成"中华家训导读译注丛书"：一、历史上已有成书的家训名著，如《颜氏家训》《温公家范》；二、在前人原有成书的基础上增补而成为更完善的版本，如《曾国藩家训》《吕留良家训》；三、新编家训，择取有重大影响的名家大儒家训类文章选编成书，如《王阳明家训》《王心斋家训》；四、历史上著名的单篇家训另外汇编成一册，名为《历代家训名篇》。考虑到丛书选目中有两种女德方面的名著，特别邀请了广州城市职业学院教授、国学院院长宋婕老师加盟，宋老师同样是中山大学哲学博士出身，学养深厚且长期从事传统文化的教育和弘扬。在丛书编撰的中期，又有从商界急流勇退、投身民间国学教育多年的邵逝夫先生，精研明清家训家风和浙西地方文化的张天杰博士的加盟，张博士及其友朋团队不仅补了《曾国藩家训》的缺，还带来了另外四种明清家训；至此丛书全部13册的内容和编撰者全部落实。丛书不仅顺利获得上海古籍出版社的选题立项，且有幸列入"十三五"国家重点图书出版规划增补项目，并获上海市促进文化创意产业发展财政扶持资金（成果资助类项目—新闻出版）资助。

由于全体编撰者的和合发心，感召到诸多师友的鼎力相助，获致多方善缘的积极促成，"中华家训导读译注丛书"得以顺利出版。

这套丛书只是我们顺应历史要求的一点尝试，编写团队勉力为之，但因为自身修养和能力所限，丛书能够在多大程度上实现当初的设想，于我心有惴惴焉。目前能做到的，只是自尽其心，把编撰和出版当做是自我学习的机会，一面希冀这套书给读者朋友提供一点帮助，能够使更多的人亲近传统文化，一面祈愿借助这个平台，与更多的同道建立联系，切磋交流，为更符合时代要求的贤才和著作的出现，做一颗铺路石。

刘海滨

2019 年 8 月 30 日，己亥年八月初一

导　读

　　左宗棠（1812—1885），字季高，一字朴存，自号"湘上农人"。湖南湘阴人。晚清军事家、政治家，湘军著名将领，洋务派代表人物之一。与曾国藩、李鸿章、张之洞并称"晚清四大名臣"。

一

　　嘉庆十七年（1812）十月初七日（11月10日），左宗棠出生在湖南省湘阴县东乡左家塅。道光十二年（1832）中举人，后三试礼部不第，遂弃科举仕进，究心经世致用之学。曾作乡村塾师和书院山长。道光三十年（1850）太平军起事后，一度在家乡办团练，历赞湖南巡抚张亮基和骆秉章幕，深得张、骆倚信。咸丰十年（1860）由胡林翼、曾国藩保举，清廷特旨以四品京堂襄办军务。他招募"楚军"五千人，赴江西、浙江前线与太平军作战，次年任浙江巡抚。同治二年（1863），楚军占领浙江金华、衢州等地，迁闽浙总督，仍兼浙江巡抚。次年，攻占杭州，并控制全浙。同年，湘军攻陷天京，诏封一等伯爵，赐名"恪靖"。随即奉命入闽追击太平军余部李世贤、汪海洋，同治五年（1866）2 月攻灭于广东嘉应州（今梅县）。后与沈葆桢在福州设马尾船政局，制造轮船。再任陕甘总督，受命镇压捻军和西北回民军。他制定"先捻后回，先秦后陇"的战略，于同治七年（1868）将西捻军击灭于山东海滨。旋率军返回西北，继续攻回。击败陕西回民军后，入甘肃。同治十二年（1873）攻克肃州，陕甘回民起义平定，授协办大学士。平回期间，先后在西北举办兰州机器局、兰州织呢局等新式企业。同治十三年（1874）授大学士，仍留陕甘总督任。光绪元年（1875）任钦差大臣督办新疆军务，率西征军出征新疆，讨伐阿古柏，先后收复天山北路、南路。阿古柏自杀，其侵略政权于光绪三年（1877）覆灭。他被破格敕赐进士，官至东阁大学士、军机大臣，封二等恪靖侯。新疆平定后，建议新疆设省，并提出浚河渠、建城堡、清丈地亩、厘正赋税和分设义塾等多项主张，以促进新疆地区经济和文化的发展。中俄伊犁交涉中，他主张"先之以议论，委婉以用机，次之以战阵，坚忍以求胜"，并在新疆积极备战，成为曾纪泽修改崇厚与俄国签订的《里瓦几亚条约》的武力后盾。光绪七年（1881）离开西北入京，任军机大臣，在总理衙门行走，管理兵部事务。同年调任两江总督兼南洋通商大臣。光绪十年（1884）中法战争期间，再入军机，兼管神机营事务。旋任钦差大臣，督办福建军务。光绪十一年（1885）9月5日病逝于福州。谥文襄。有《左文襄公全集》行世。本书所收的家训，大多都是左宗棠出山赞襄湖南巡抚张亮基幕府以后所写。从这一年开始，他在家时间日益减少，在外南征北战时间日益增多，只能凭借家书对子孙言传身教。

《清史稿》评价左宗棠："宗棠事功著矣，其志行忠介，亦有过人。廉不言贫，勤不言劳。待将士以诚信相感。善于治民，每克一地，招徕抚绥，众至如归。论者谓宗棠有霸才，而治民则以王道行之，信哉。"曾国藩在书信中说："论兵战，吾不如左宗棠；为国尽忠，亦以季高为冠。国幸有左宗棠也。"翰林院侍读学士潘祖荫在奏疏中的名句"天下不可一日无湖南，湖南不可一日无左宗棠"久为传诵。当时的欧洲人在《西国近事汇编》中，也高度评价了左宗棠的军事指挥才能，称赞左宗棠老成持重，谋而后定。在富兰克林·罗斯福总统时期曾任美国农业部长、美国副总统的亨利·阿加德·华莱士说："左宗棠是近百年史上世界伟大人物之一，他将中国人的视线扩展到俄罗斯，到整个世界……我对他抱有崇高的敬意。"1937年，美国学者 W. L. 贝尔斯经过多年研究而撰著《左宗棠传》，他在书中评论道："左宗棠具有真正伟大的灵魂。他是一位伟大的将军，一个伟大的管理者，也是一个伟大的人。他在国外知者甚少，在他自己的国家里也未享有应得的声望。倘若他的同胞能仔细研究他的生平与功绩，就能够获益匪浅。他热爱自己的祖国，对国人在悠久历史中所取得的辉煌成就深感自豪。他对古代圣贤怀有敬畏之心，且一直遵循圣贤之道。他为自己的祖国呕心沥血，毫无保留地奉献自己的力量和才智。他怀有坚定的信念，深信国人能依靠自己的努力，为多灾多难的祖国找到一条出路。左宗棠不愧为国家之光、民族之光。"美国《新闻周刊》在2000年评出了最近一千年全世界的四十位智慧名人，中国的毛泽东、成吉思汗、左宗棠三位入选。二十世纪八十年代以来，越来越多的史学家认为左宗棠是在中国近代化过程中做出巨大贡献的历史名臣。尤其是在抗击外国侵略、保卫国家领土主权完整、开发建设新疆上取得了丰功伟绩，其爱国爱民、坚持维护祖国领土完整的思想和事功受到越来越高的评价，这些在家书中也多有体现。

二

左宗棠十分重视教育的作用。他二十岁中举以后，先后在醴陵渌江书院和长沙朱文公祠担任主讲，还在湖南安化小淹陶家私塾教导陶澍的儿子读书八年，后来主政一方时常大力兴教劝学，惠泽久远。左宗棠殷切期望家运绵长，十分看重对子孙的教育，非常重视家训在家庭教育和社会教化中的特殊功能和作用，且身体力行，至老不衰。

左宗棠的治家有方得到人们的高度评价。晚清同乡王先谦赞曰："君子以为文襄治家有法，及夫人之循分达理，皆近世富贵家所罕见，兹可谓贤明也已！"（王先谦：《虚受堂文集卷十一·左母张夫人墓志铭》，《王先谦诗文集》，岳麓书社，2008年，第256—257页）民国时期杨公道《左宗棠轶事·家教》条载："公（左宗棠）立身不苟，家教甚严。入门，虽三尺之童，见客均彬彬有礼。妇女则黎明即起，各事其事，纺织缝纫外，不及外务。虽盛暑，男女无袒裼者。烟赌诸具，不使入门。虽两世官致通显，又值风俗竞尚繁华，谨守荆布之素，从未沾染习气。闻至今后人均能遵守遗训，无敢失坠焉。"（秦翰才：《左宗棠逸事汇编》，岳麓书社，1986 年，第 184 页）

左宗棠的后人没有多少名臣高官，倒是有不少学者、名医。长子左孝威以父荫为兵部主事，年仅二十七岁即早逝；次子左孝宽一生为医，无甚影响；三子左孝勋继其长兄承父荫为兵部主事；幼子左孝同官至江苏提法使，甲午战争时曾任湖南巡抚的吴大澂在辽宁边关统帅大军，左孝同总办营务做了很多贡献。左宗棠的四个女儿皆能吟诗作赋，并且均留有诗卷传世，颇有母亲周夫人之风。在左宗棠所写家书中，并没有看到他单独给女儿的书信。由于左宗棠所处时代的社会历史局限性，对此不必苛求。他的视线大多都集中在四个儿子身上，全部家书有 93% 是写给儿子的。特别是长子左孝威，左宗棠对其关切爱护备至，有时非常严厉，写给孝威的书信也是最多的，单独写给他的家书占全部家书的 66.8% 以上。其次是幼子孝同，对他"训谕"也相对较多，尤其是长子左孝威英年早逝以后，左宗棠对幼子和孙辈的期望变得更加殷切，言语之间也柔和了许多。

左宗棠去世前已有十个孙子，其中唯有左念恒官至临安知事。其第四代后多出专家和名医。如左景鉴是著名外科专家，二十世纪五十年代初，曾奉命入渝筹建重庆医学院，与黄家驷、裘法祖、吴阶平并称为当时中国外科的"四把刀"。另一位曾孙左景伊是著名的化学家，北京化工大学应用化学系教授，腐蚀与防护学的开创者和奠基人。他所创造的左氏定律，至今是化工防腐处理的一个重要定律。左景鉴的儿子左焕琮是外科专家。左景鉴的大女左焕琛是影像医学及心血管病专家，复旦大学上海医学院教授、博士生导师，曾担任过上海市副市长、市政协副主席。左氏后人中，还有一位旅法华裔汉学家左景权，在敦煌学方面颇有成就。

以上举例可见，其子孙后代正直立身，自强不息，无愧先人。这些足以证明左宗棠家训在左氏家族教育中起到了恒久影响和积极作用。

三

左宗棠的家书涵括清代道光十五年（1835）到光绪九年（1883）近三十二年内写给家人的信件，所涉内容十分丰富，既有不少人际关系和家庭事务的指陈，也不乏修身进德和治邦理国之道的论述，均为他一生主要事迹和修身齐家、治学为政之道的生动体现，不仅延续了中国传统士大夫教导后辈继承家风的传统，还蕴含着动荡岁月探求生存和发展之道的时代特征，不仅对当代家庭教育有很高的借鉴意义，而且对研究左宗棠的思想也具有重要参考价值。

左宗棠曾对友人说："紫阳学统，弟何能窥其百一，然自六岁读《论》《孟》时，即兼读《大注》。""九岁学作制艺，先子每命题，必令先体会《大注》，一字不许放过。"紫阳学统，即朱熹理学的学统；《大注》就是朱熹所作的《四书章句集注》。他即使在军中也不忘"翻刻《小学》《孝经》《近思录》《四书》四种以惠吾湘士人"，还希望儿子能够参与到编校事务中来。他一生尊奉程朱理学为圭臬，深受朱熹、陆陇其等理学家著作的熏陶，非常推崇清代以来的汤斌、张伯行、陈鹏年、于成龙、陈宏谋等理学名臣，程朱理学也成为他在千里之外严格教育子女的思想来源。其家训在修身、为学、齐家、处世等方面都贯穿了理学传统。

一是修身方面。左宗棠要求儿子志存高远："读书作人，先要立志。想古来圣贤豪杰是我者般年纪时是何气象？"以一连串的发问督促儿子立下"学为圣贤"之志，"务期与古时圣贤豪杰少小时志气一般，方可谓父母之心，免被他人耻笑"，"如果一心向上，有何事业不能做成？"要立常志而不是常立志，记住"志患不立，尤患不坚"，信念一旦确定就要坚定不移，时时不忘督促反省，加之以刚强，下定决心去努力做到。要主"敬"，"无论稠人广众中宜收敛静默。即家庭骨肉间，一开口，一举足，均当敬慎出之，莫露轻肆故态，此最要紧"，多次批评儿子写字潦草就是不敬。

二是为学方面。他引导儿子体会读书之乐，指出读书不仅能让人更加聪明，还能令人心旷神怡，"盖义理悦心之效也"。他鲜明提出读书非为科名，而在明理经世："只要明理，不必望以科名"，"只要读书明理，讲求作人及经世有用之学，便是好儿子，不在科名也"，"多读经书，博其义理之趣，多看经世有用之书，求诸事物之理"，"留心本原之学"。要知行合一，"识得一字即行一字，方是善学。终日读书，而所行不逮村农野夫，乃能言之鹦鹉耳。纵能掇巍科、跻通显，于世何益？于家何益？非惟无益，且有害也"，"人情世故上有真学问、真经济在"。正如他为左氏家庙撰楹联"纵读数千卷奇书，无实行不为识字"所述那般，在他看来，知识的价值就在于"实行"。读书的方法是"三到"，即"目到、心到、口到"。他具体讲解了怎样去做"三到"：眼到是"一笔一画莫看错"，口到是"一字莫含糊"，心到是"一字莫放过"；要有恒无间，量力而行，"读书不必急求进功，只要有恒无间，养得此心纯一专静，自然所学日进耳"。要由浅入深，勤学深思，"读书先须明理，非循序渐进、熟读深思不能有所开悟"。

三是齐家方面。他自撰家塾楹联"要大门闾，积德累善；是好弟子，耕田读书"和家庙楹联"纵读数千年奇书，无实行不为识字；要守六百年家法，有善策还是耕田"，为家人指出"耕读传家"的努力方向。要明白治家之道亦蕴藏治国之道的道理，希望孝威当好"家督"，子女都要学会理家。晚辈要孝顺双亲，爱惜身体，以孝悌为本，衣食不求华美，不能沾染纨绔习气，勿坠寒素之家的门风。他以"教妇新来，教儿婴孩"为例，要求以身作则发挥好引领作用，要周夫人带着女儿和媳妇共同学习和劳动，营造一个其乐融融的家庭氛围。

四是处世方面。他教诲子女谦卑恭谨，待人有礼，"到乡见父老兄弟必须加倍恭谨"。连晚辈回乡入祠的称呼、答复、盘缠、人情往来等等礼节，他都一一在信中交代，"自卑以尊人，敬父执之道，尤所当讲也"。不妄言妄行，"凡事以少开口、莫高兴为主"，"当得意时，最宜细意检点，断断不准稍涉放纵"。注意交志同道合的朋友，"结交端人正士，为终身受用"。希望子女知恩图报，以"思国恩高厚，报称为难；时局方艰，未知攸济。亦惟有竭尽心力所能到者为之，期无负平生之志而已！"希望家人能理解他"万方多难，吾不能为一身一家之计"的苦心。注意教育子女自立自强，不遗财货与子女。他对二子孝宽说："吾积世寒素，近乃称巨室。虽屡申儆不可沾染世宦积习，而家用日增，已有不能撙节之势。我廉金不以肥家，有余辄随手散去，尔辈宜早自为谋。"让儿子对自己的未来早作打算。还说："仕宦而但知积金遗子孙，不过供不肖之浪荡。"他希望后代能葆寒素门风，自立成才："功名事业兼而有之，岂不能增置田产以为子孙之计？然子弟欲其成人，总要从寒苦艰难中做起，多蕴酿一代多延久一代也。"对待家人、亲戚、朋友、周围人、难民等要仁厚博施，"自奉宁过于俭，待人宁过于厚"，时时不忘"崇俭以广惠"。因为"富贵怕见花开"，屡屡担心家族月圆则亏、盛极而衰，所以叮嘱家人要自省敛抑。

四

在继承历代家训思想的同时，左宗棠还结合自己的体会，在家庭教育的内容和方法上有所发挥。

在家训的内容上，他有三个方面的创见。

其一，虽为科举落第之人，但仍肯定八股文的价值。他否定的是当前讨巧时髦的八股文，而肯定融汇义理的八股文。他认为罗典、严如熤、陶澍、贺熙龄、林则徐等一批人是写真八股文的，他们留心本原之学，以天下万民为己任，贯通了读书作文与经世致用二者的联系，通过练习八股文而明理经世，奠定了来日经世济民的基础。因此，他将读书的内容拓宽到经世之学，不专重制艺帖括，希望儿子多看经世有用之书，求诸事物之理，"百工技艺及医学、农学，均是一件事"。但凡地理学、农学、水利、荒政、田赋、盐政、茶政等方面的书都应熟读，才不会书到用时方恨少，这也是他人生成功后的心得体悟。

其二，崇俭广惠以求经世济民。自诸葛亮《诫子书》提出"俭以养德"后，历代名人无不将"崇俭"作为修身齐家的核心内容。左宗棠在此基础上，将"崇俭"提升到"博施于民而能济众"以治国平天下的高度，深化了"崇俭"的意义，为读书人的经世致用夯实了理论依据，开辟出一条理学经世的践行之道。他和家人自奉宁过于俭，但每每在救济难民、亲友、寒门学子、孤苦士兵、劝农兴学、治理水患等方面，却出手大方，切实践行了"崇俭广惠"。同治八年，湖南灾异迭见，他在军中捐养廉银万两入赈，自谓不敢以之为功，他的想法是："若居然高官厚禄，则所托命者奚止数万、数百万、数千万？纵能时存活人之心，时作活人之事，尚未知所活几何，其求活未能、欲救不得者，皆罪过也，况敢以之为功乎？"表现出对黎民和国家的一腔热血与担当。

其三，不求早达，只愿厚积薄发。他告诫孝威："自古功名振世之人，大都早年备尝辛苦，至晚岁事权到手乃有建树，未闻早达而能大有所成者。天道非翕聚不能发舒，人事非历练不能通晓。《孟子》'孤臣孽子'章，原其所以达之故在于操心危、虑患深，正谓此也。""功候太早，本不中理"，少年得志并非好事，大器晚成方为惜福长久之道。所以孝宽去参加考试，他都不赞成，认为学识储备还不够，倘若侥幸上榜，不仅德不配位，令人耻笑，还占据了寒门士子的上升之阶。他经常举自己中年后命运才开始转折的例子，要儿子安心在家磨炼，去浮躁，笃根本，人生中自然会出现实现抱负的时机。

在家训的方法上，左宗棠具有三个独特的关注点。

其一，强调家中丈夫和兄长的引领。夫妇之道，丈夫的遵道而行最重要，妻子没有遵道而行的原因还在于丈夫没有率先垂范，"妇女之志向习气皆随其夫为转移"。对于长子孝威，他一直寄予厚望，告诉他担负起"家督"的责任，管理好家中事务，为母亲分忧，为弟弟妹妹做好榜样。孝威不幸早逝后，对于次子孝威也有同样的要求。

其二，读书要根据身体情况量力而行。根据家庭成员大多体质不佳的情形，他指出，"以体质非佳，苦读能伤气，久坐能伤血。小时拘束太严，大来纵肆，反多不可收拾；或渐近憨呆，不晓世事，皆必有之患"。只要有恒，不必追促，以养身为要。特别是对孙辈，他比对儿子更为宽松，也许是鉴于孝威夫妇二人均早逝的教训。他说："丰孙工课只宜有恒，不必急切。体质嫩弱不可峻督。""丰孙字好，近时已否开笔学作文章？恂、恕、慈读性何如？功课不可太多，只要有恒无间，能读一百字，只读五六十字便好。"对孙辈"起坐听其自由，不可太加约束"，以有恒治学，不要一曝十寒，根据各自身体和心性因材施教，这是符合儿童教育规律的。

其三，常常将自己当靶子。他们父子之间长期只靠家书往来，缺乏促膝谈心的时候，儿子对父亲难免会感到畏惧和疏远，由此，左宗棠经常在家书中拿自己做反面教材，与儿子平等交流，拉近了彼此之间的距离。对于孝威喜看书却不肯用心的毛病，他说："我小来亦有此病，且曾自夸目力之捷，究竟未曾仔细，了无所得，尔当戒之。"对于杜绝名士气，他以自己现身说法："吾少时亦曾犯此，中年稍稍读书，又得师友箴规之益，乃少自损抑。每一念从前倨傲之态、诞妄之谈，时觉惭赧。尔母或笑举前事相规，辄掩耳不欲听也。"要孝威"尔宜戒之，勿以尔父少年举动可效也"。这种亮丑，不但无损于父亲的形象，反而有助于父子之间更加亲近，能让儿子们更加警醒并主动避免重犯父亲早年的错误。

五

第一次公开出版发行的左宗棠家训印刷版本，当为民国九年（1920）由左孝同（左宗棠第四子）编校整理的《左文襄公家书》上海铅印版，共二卷，收录了左宗棠自咸丰二年到光绪九年写给夫人周诒端、仲兄左宗植和诸子侄的信件，共157通，前有左孝同于民国九年（1920）冬天所作的序文。上海大东书局、上海群学书社、上海新文化书社、上海启智书局、上海中央书店等以此为准出版了多种版本。当前，"最全本"《左宗棠家书》应为岳麓书社2009年版《湖湘文库·左宗棠全集》所收。其第13册的163封家书中，写给儿子的152则，写给周夫人的6则，写给仲兄的3则，写给侄儿的2则。其第15册的50封家书中，写给儿子的17

则，写给周夫人的 21 则，写给仲兄的 6 则，写给岳母的 6 则。因此，合起来看，《湖湘文库·左宗棠全集》的家书共 213 则，其中，写给儿子的 169 则，写给周夫人的 27 则，写给仲兄的 9 则，写给岳母的 6 则，写给侄儿的 2 则。

本书的选编，主要依据 1920 年上海铅印版《左文襄公家书》，辅之以岳麓书社 2009 年版"最全本"《湖湘文库·左宗棠全集》，并参考了喻岳衡选辑的岳麓书社 2002 年版《左宗棠教子书：身教与言传并重的实录》、左景伊所著的华夏出版社 1997 年版《左宗棠传》等相关著作，共选录 82 则。其中，写给儿子的 71 则，写给周夫人的 10 则，写给侄儿的 1 则。本书正文的各则家训，依旧以写作时间的先后顺序编排，基本保持家书原貌，少数篇目只选取精华部分，将无关主旨的冗长部分做了删减。

下面对于本书所做的工作及其特点，作一个简要的说明。

第一，校对。重新校对了原文，订正了底本或校本的文字讹误以及标点错误。为了阅读方便，调整了部分分段，且译文的分段与原文一致。

第二，标题。在"谕孝威"之类原标题之后，又在括号之中标注该则家训的主旨，而主旨的概括则主要考虑每则家训的家教价值，至于介绍军情、政情等信息一般从略。

第三，"今译"。将文言原文翻译成为白话文，除了部分在"简注"中已经解释过的引文、典故不再重复翻译之外，都进行了紧扣原文的翻译：译文的字句在原文中都能找到依据，而原文的意思则在译文中都能得到落实。当然这并不是简单的一一对应，其中也适当调整了词句次序，以求符合现代人的语言习惯；也增补了少数有助于理解原意的补充信息，一般用括号标示。另外，各信开头的称呼、问候语和结尾的祝福语、署名、日期部分，如"孝威知悉""父字"等，为了文字精练、便于读者阅读，且不会影响主体部分，所以没有翻译。

第四，"简注"。因为另有"今译"，所以本书的注释较为简明扼要，主要对生僻字词标明汉语拼音，并作了解释。文中涉及的人名、地名、书名以及引用的古书原文、典故、术语等都作了简要介绍，有的还提示了出处以帮助读者理解。其中人物的生卒年不作标注，因为与理解原文关系不大，然而对该人物与左宗棠及其家族的关系则会进行说明。送信的兵勇、仆人等不注。人物第一次出现详注，再次出现则简注或不注，或在导读、翻译中予以说明。常见的地名则不注，或在导读与翻译时顺带说明。

第五，"实践要点"。不方便在"简注"或"今译"中加以讲解的，诸如本则家训要点的概括，所隐含的道理在实践上的古今异同，在认识上的误区，以及对当代人的启示等，作一些简要的说明。

因为学力所限，我们对于左宗棠家训的解读尚待进一步深化，故而本书一定存在不少有待商榷之处，恳请诸位批评指正！

2019 年 3 月 22 日

道光十七年

与周夫人（先从"寡言""养静"二条做起，实下工夫）

蔗农师尝戒吾：气质粗驳①，失之矜傲②。近来熟玩③宋儒书，颇思力为④克治。然而习染⑤既深，消融不易；即或稍有察觉，而随觉随忘，依然乖戾⑥。此吾病根之最大者，夫人知之深矣。比始觉先儒⑦"涵养须用敬"五字，真是对证之药⑧。现已痛自刻责，誓改前非，先从"寡言""养静"二条做起，实下工夫，勉强⑨用力，或可望气质之少有变化耳。

| 今译 |

贺熙龄（蔗农）师曾经诫我：气质粗鲁不纯正，毛病在于自高自大、目中无人。近年来，我认真研读宋代大儒的经典著作，很想努力纠正自己的缺点。然而，由于我染上的坏习惯比较严重，要完全改掉不是容易的事情；即使自己稍微有所察觉，却总是刚刚意识到随后立即又忘记了，性情依然急躁易怒。这是我最大的毛病，夫人您是了解得很清楚的。最近才开始领悟到前代儒者所说的"涵养须用敬"五个字的深刻含义，真的是治疗我这种毛病的良方。我现在已经痛下决

心反省自己，发誓改变从前的种种毛病，先从"寡言""养静"两条做起，实实在在下功夫，尽最大的努力去改变自己，或许有望在性情和气度上有所变化。

| 简注 |

① 粗驳：粗鲁，不纯正。

② 矜傲：自夸，自高自大。

③ 熟玩：认真钻研。

④ 力为：尽力做到。

⑤ 习染：沾上不好的习惯，坏习惯。

⑥ 乖戾：（性情、言语、行为）别扭，不合情理。原意指乖悖违戾，抵触而不一致。今称急躁、易怒为性情乖戾、脾气乖戾。

⑦ 先儒：已故的前代儒者。

⑧ 对证之药：原指医生针对病情处方用药，现在常用来比喻针对具体情况决定采取措施或处理办法，也作"对症下药"。

⑨ 勉强：能力不足而强迫自己做某事。

| 实践要点 |

夫妻二人无话不谈，还涉及服膺理学对症下药的精神层面的交流，在传统婚姻中是不多见的。夫妻之间这种相互砥砺、袒露心扉的良好习惯，无疑是树立淳正家风家教的坚实基础。

与周夫人（与陶澍纵论古今，至于达旦，竟订忘年之交）

安化陶云汀①督部昨由江西乞假省墓②，道出醴陵。邑侯③治馆舍④，以为驻节⑤之所，嘱予代作楹帖云："春殿语从容，廿载家山，印心石在；大江流日夜，八州子弟，翘首公归。"盖督部家有印心书屋，曾于觐见⑥之时，奏闻⑦皇上，与宋牧仲⑧以"西陂"二字乞圣祖御书，均可见明良⑨一德之盛。予此联盖纪实耳，乃蒙激赏，询访姓名，敦迫延见⑩，目为奇才，纵论古今，至于达旦，竟订忘年之交。督部勋望⑪为近日疆臣第一，而虚心下士⑫，至于如此，尤有古大臣之风度。惟吾诚不知何以得此，殊自愧耳。

| 今译 |

两江总督陶澍前一段时间巡阅江西后顺道请假回湖南安化老家扫墓，路经醴陵。县令为迎接总督的到来，当即收拾整理好官署，并请我为总督临时下榻的住所撰写了楹联："春殿语从容，廿载家山，印心石在；大江流日夜，八州子弟，翘首公归。"因为总督大人老家有"印心书屋"，他曾经在觐见道光皇帝时，将"印心书屋"的来由汇报给皇帝（并获得道光皇帝为"印心书屋"亲写御书匾额），与（康熙年间）宋荦以"西陂"二字请求清圣祖赐写御书的雅事，都属于贤明君主与忠良臣子的佳话，传盛一时。我撰写这首对联原本只是纪实，却受到总督大人的赏识。他马上派人打听我的姓名，急忙将我请去与他相见，把我视为当世奇才，大有相见恨晚之意。我们谈论品评古今大事，交谈了整整一夜，并成为忘年之交，互相引为知己。论功勋与名望，总督大人在当今的封疆大吏之中位居首位，但对待我这种年轻的寒门学子谦虚有礼，竟到了这种程度，真是千古名臣的风度呀！但我不知道自己为何能如此幸运，能得到他的厚爱与赏识，心里感到特别惭愧。

简注

① 陶云汀：陶澍（shù），字子霖，一字子云，号云汀、髯樵。湖南安化人，清代经世派主要代表人物、道光朝重臣。道光十九年（1839），病逝于两江督署，赠太子太保衔，谥号"文毅"，入祀贤良祠。有《印心石屋诗抄》《蜀輶日记》《陶文毅公全集》等。

② 省墓：祭坟扫墓。

③ 邑侯：县令。

④ 馆舍：招待宾客住宿之所，这里指陶澍临时居住的官署。

⑤ 驻节：旧指身居要职的官员于外执行命令，在当地住下。节，符节。

⑥ 觐（jìn）见：谒见，朝见（君主或职位较高的人）。

⑦ 奏闻：臣下将事情向帝王报告。据陶澍《御书印心石屋恭纪》记载，资水流经安化小淹，北而东去，"两岸石壁屹立如重门，澄潭漭沆，深数十丈，有石出于潭，方正若印，名曰印心石"。西岸旧有水月庵，陶澍年幼时随父在此读书，自题书斋"印心石屋"。道光乙未（1835），陶澍进京，道光皇帝召见入京述职的两江总督兼两淮盐政陶澍，其间垂问其家世里居，得知书斋名来由，前后御书大小匾额两幅赐之。陶澍引为殊荣，为感皇恩，以小体四字榜于家塾、文澜塔，擘窠大字则勒于石门潭东岸乌龟岩石壁。后又制巨碑数块于其任职地，并征诗纪事，于是大小体"印心石屋"之御笔遍及湖湘及两江。今桃江浮邱寺、鸣石滩，长沙岳麓山，岳阳岳阳楼、君山和江苏南京总统府旧址（清两江总督署旧址）、苏州沧浪亭、扬州大明寺、镇江焦山、连云港云台山、武汉古琴台等地亦存有此石刻。

⑧ 宋牧仲：宋荦（luò），字牧仲，号漫堂、西陂（pí），晚号西陂老人、西陂放鸭翁，诗人、画家、政治家，"康熙年间十大才子"之一。累擢江苏巡抚。康熙皇帝三次南巡，皆由宋荦负责接待，被康熙帝誉为"清廉为天下巡抚第一"。官至吏部尚书，后被加官为太子少师。康熙五十三年（1714）九月十六日去世，享年八十岁。康熙下旨赐祭葬于其家乡商丘，崇祀名宦乡贤，葬于西陂别墅（今大史楼村）。王士祯《香祖笔记》中记载了康熙帝南巡时赐书宋荦的情形：上己卯南巡视河，赐江苏巡抚臣宋荦"仁惠诚民"四大字，又赐"怀抱清朗"四字。癸未，以河工底绩，再南巡渡江，驻跸江天寺。荦时扈从，奏云："臣家有别业在西陂，乞御书'西陂'二大字赐臣，不令宋臣范成大石湖独有千古玉音。"上

云："此二字颇不易书。"荦再奏云："二字臣求善书者多不能工，刑部尚书王士禛少与臣为同学，尝云二字倘得御书，乃为不朽盛事。"上笑而书之，即以颁赐，顷之驾回行宫，又命侍卫取入，重书赐焉，再赐"清德堂"大字。

⑨ 明良：指贤明的君主和忠良的臣子。

⑩ 敦迫延见：敦迫，催促。延见，召见，引见。

⑪ 勋望：功勋与名望。

⑫ 虚心下士：旧时指达官贵人对地位不高但有才德的人谦虚而有礼貌。

| **实践要点** |

这则书信为陶澍和左宗棠结交之事提供了宝贵的史料。其中可见陶澍的礼贤下士和求贤若渴，左宗棠的学识不凡和感动不已，更可见左宗棠夫妻二人的相互尊重和真诚交流。落第书生左宗棠凭一联语而受两江总督陶澍激赏的佳话也再一次证明："是金子，总会发光的。"

道光十八年

与周夫人（从此款段出都，不复再踏软红）

榜发，又落孙山①。从此款段②出都，不复再踏软红③，与群儿争道旁苦李④矣。拟迁道⑤金陵，一谒云汀督部，即便还家。此次买得农书甚多，颇足供探讨。他日归时，与吾夫人闭门伏读，实地考验，著为一书，以诏农圃⑥，虽长为乡人以没世，亦足乐也。君能为孟德曜⑦，吾岂不如仲长统⑧乎？

会试成绩公布，我再次落榜。从今以后慢慢骑马离开都城，再也不会来到京城（参加会试），与群儿争抢道路旁的苦李了。我准备南下绕道江宁，拜见两江总督陶澍之后便返家。这次我买了不少农书，足够我们探讨交流了。等我到家后，将与夫人您一起闭门读书，实地考察，并将我从事农耕的经历写成一本书，向乡邻传授农耕方面的经验技术，即便一辈子当个农夫隐居乡下，我也觉得很满足很快乐。（既然）夫人您像梁鸿的妻子孟光一样贤德，我难道比不上仲长统吗？

① 落孙山：指考试或选拔未被录取，也作"名落孙山"。

② 款段：马行迟缓的样子。

③ 软红：繁华的都市。

④ 道旁苦李：原指路边的苦李，走过的人不摘取。比喻被人所弃、无用的事物或人。这里指左宗棠心灰意冷，从此产生绝意仕进的念头。

⑤ 迂道：绕道。

⑥ 农圃：耕稼，农耕。

⑦ 孟德曜：东汉梁鸿妻孟光，字德曜。夫妇耕织于霸陵山中。后随鸿至吴地，鸿贫困为人佣工，归家，德曜每为具食，举案齐眉，恭敬尽礼。

⑧ 仲长统：字公理，汉山阳郡高平（今山东邹城西南）人。东汉末年哲学家、政论家。仲长统从小聪颖好学，博览群书，长于文辞。二十余岁时，便游学青、徐、并、冀州之间。仲长统才华过人，但性卓异、豪爽，洒脱不拘，敢直言，不矜小节，默语无常，时人称为狂生。凡州郡召他为官，都称疾不就。

| 实践要点 |

榜上无名后怎么办？左宗棠没有一蹶不振或恨恨不已，而是平静地向夫人表明绝意仕进、回乡务农和诗书唱和的意愿，想专注于自己喜欢做的事情，甚至一

反流俗地认为读书人朝思暮想的金榜题名是"道旁苦李"。若无贤内助周夫人的通情达理，左宗棠不会有这么豁达的胸襟。可见，家人对落榜者或失意者的理解与支持，是多么重要而宝贵的力量。

道光二十一年

与周夫人（谈教育之法与读书之乐）

少云①天资仅中才耳，而颇纯正②。近来师弟之情愈加深厚。若在寻常富贵之家，得此佳子弟③，便不患箕裘④弗继矣。而吾独以为文毅名臣，则子弟必当有异于凡庸，固⑤不但⑥纡⑦金紫⑧、守田庐⑨，不足谓继志叙事⑩也。故吾所以教之者，先以义理⑪正其心，继以经济⑫廓其志⑬，至文章之工拙⑭、科名之得失，非所急也。

吾在此所最快意者，以第中藏书至富，因得饱读国朝宪章⑮掌故⑯有用之书。自海上事起⑰，凡唐宋以来史传、别录、说部⑱及本朝志乘⑲记载，官私各书，凡有关系海国故事者，无不涉历及之，颇能知其梗概，道其原委⑳，此亦有益之大者。

| 今译 |

/

少云（陶桄）仅仅只有中等人的天赋，但天性纯良。近年来，师父与弟子的感情越来越深厚。如果是在普通的富贵人家，能有这样优秀的年轻后辈，便无需担心先祖的功业无人继承。但我却认为，陶文毅公（澍）作为一代名臣，他的子弟必当不同于凡夫庸人，当然不只是做大官、能够以淡泊的心态安守田舍家业，（这些）还算不上真正做到继承父亲的志向来言事理政。所以，我先教他义理之学以端正他的心性，然后悉心教他经世济民的治国才干扩充他的志向，至于文章的优劣、科举功名的得失，并不是当下迫切的事情。

我在这里感到最称心如意的事，便是陶府的藏书极为丰富，我因此得以饱览国家典章制度和各种遗闻轶事等经世致用书籍。自从沿海战事（鸦片战争）爆发以来，凡是唐宋以来的史传、别录、小说、笔记和杂著一类的书籍和本朝的地方志等官修与私修的各种书籍，凡是与海上各国有关的叙述，无不一一涉猎，所以颇能了解这些书的大概，能说出其间的来龙去脉，这些都是非常有益的学习。

简注

① 少云：指陶澍的儿子陶桄，左宗棠的大女婿，其妻子为左孝瑜。

② 纯正：纯洁淳正。

③ 子弟：即子与弟，指子侄辈，对父兄而言，泛指年轻后辈。

④ 箕裘（jī qiú）：父亲的技艺或事业，比喻先祖的事业。箕，扬米去糠的器具或畚箕等竹器。裘，皮衣。箕裘原指由易而难、有秩序的学习方式，出自《礼记·学记》："良冶之子必学为裘，良弓之子必学为箕。"

⑤ 固：当然，诚然。

⑥ 不但：不仅，不只是。

⑦ 纡（yū）：系、结。

⑧ 金紫：指"金印紫绶"，借指高官厚爵。唐宋后指金鱼袋及紫衣，唐宋的官服和佩饰。后也用来指代贵官。

⑨ 田庐：田中的庐舍，泛指农舍。

⑩ 继志叙事：继承先哲的志向来言事理政。继，继承。志，志向。叙，叙述。

⑪ 义理：指宋代以来讲求儒家经义、探究名理的学问；清代，将学问分为义理、辞章、考据三个方面。也引申为合乎伦理道德的行事准则。

⑫ 经济：经世济民，也指治国才干。

⑬ 廓其志：使志向变得远大。

⑭ 工拙：犹言优劣。

⑮ 国朝宪章：国家典章制度。

⑯ 掌故：原指旧制、旧例，也是汉代掌管礼乐制度等官员的官名。后来一种常见的意义是指关于历史人物、典章制度等的遗闻轶事。

⑰ 海上事起：指道光二十年（1840）爆发的第一次鸦片战争。据清代罗正钧《左宗棠年谱》记载："左宗棠闻警忧愤，多次上书老师贺熙龄，议论战守机宜，写了《料敌》《定策》《海屯》《器械》《用间》《善后》六篇策论，以及设厂造炮船、火船等策。"

⑱ 说部：指古代小说、笔记、杂著一类书籍。

⑲ 志乘：志书。又称地方志或地志。记载地方的疆域沿革、典章、山川古迹、人物、物产、风俗等的书。

道光二十七年

与周夫人（措大生涯，荆布亦非容易）

长女出阁^①之期，定于八月，家中想已预备。虽陶府决不计较，然以措大生涯^②，荆布^③亦非容易。此事不得不累卿矣。吾与文毅邂逅山城，竟盟知己，今又联为姻眷，实属奇缘。少云纯谨^④可喜，足称快婿^⑤。惟吾八年保傅^⑥，心本无他，今乃成此一段公案^⑦，未免为世俗浅见所讥，然吾绝不介诸胸也。

| 今译 |

大女儿出嫁的日子定在八月份，关于嫁女的各项准备工作，我想家中应该都已经安排好了。虽然陶府绝对不会（在嫁妆方面）计较，但像我们这种贫寒读书人家，我特别能体会夫人您当家的不容易。嫁女这件事情就只能辛苦夫人您了。我与陶文毅公相遇于山区小城（醴陵），竟然引为知己，如今又结为儿女亲家，实在是一段奇缘。少云（陶桄）纯正谨慎，让人欢喜，是我所称意的好女婿。只是我当了少云八年的老师，心中原本没有其他想法，现在却已成为一桩公案，恐怕要被浅薄无见识的人讥笑，但我是绝对不会介意的。

简注

①出阁：指女子出嫁。

②措大生涯：世代贫寒的读书人家。措大，是"醋大"的通假词，形容既贫寒且酸气的书生，含有轻慢之意。语出五代时期王定保《唐摭言·贤仆夫》。清朝道光年间有书《谈征·言部·醋大》："世称士流为醋大，言其峭酸冠士民之首也。"

③荆布：对妻子的谦称。

④纯谨：指人的品性纯正谨慎。

⑤快婿：称意的女婿。

⑥保傅：古代保育、教导太子等贵族子弟及未成年帝王、诸侯的男女官员，统称为保傅。这里指左宗棠做了陶澍的儿子陶桄八年老师。

⑦公案：官署治理公事用的桌子。原指官府处理的案牍，后来指疑难案件，泛指大众关心的有纠纷或离奇的事情。

实践要点

长女出嫁，还是嫁给两江总督陶澍的长子，无疑是寒士之家的一桩大事，父亲却不在家里，全靠周夫人一手操持。左宗棠油然而生愧意，更加感激夫人多年来当好贫寒之家的不易。丈夫的成功，周夫人至少有一半的功劳，当然周夫人不会计较什么，不过左宗棠是最有体会的。

咸丰二年

与孝威（读《小学》，领悟事父母、事君、事兄长之道）

字谕^①霖儿^②知之：

　　阅尔所写请安帖子，字画^③尚好，心中欢喜。

　　尔近来读《小学》^④否?《小学》一书，是圣贤^⑤教人作人的样子。尔读一句，须要晓得一句的解；晓得解，就要照着做。古人说：事父母，事君上，^⑥事兄长，待昆弟^⑦、朋友、夫妇之道，以及洒扫、应对、进退、吃饭、穿衣，均有现成的好榜样。口里读着者一句，心里就想着者一句，又看自己能照者样做否。能如古人，就是好人；不能，就不好，就要改，方是会读书，将来可成就一个好子弟。者就是尔能听我教，就是尔的孝。

|　今译　|

／

　　我最近读到你问安的书信，字写得还不错，心中感到高兴。

　　你近来是否读了《小学》这本书呢?《小学》这本书，是先贤所写的教导后人为人处世的一部典籍。你每读一句，就要弄明白其中的含义；懂得含义之后，就应该学着做到。古人说：供奉父母，服侍君王，侍奉兄长，对待兄弟、朋友、夫妻的行为规范，以及如何打扫庭院、如何接人待物，甚至吃饭和穿衣这样的小事情，应该注意哪些礼仪，都能找到现成的好榜样。所以呢，你口里念着这一句，心里便要想着这一句，想想自己的言行举止能否照这样子去做。如果能像古人说的那样做，就是一个好子弟；如果不能，就不是好子弟，便要严格要求自己，弥补不足，这样才是会读书，将来才能做一个好子弟。现在，你能听从我的训诲，就是你孝顺父母的表现。

| 简注 |

① 谕：告诉。

② 霖儿：即左宗棠长子孝威。其出生时，左宗棠梦见雷电绕身、大雨如注，故取小名"霖儿"。

③ 字画：写字的笔画。

④《小学》：旧题朱熹撰，实为朱熹与其弟子刘清之合编。全书共六卷，分内外篇。内篇四卷，分《立教》《明伦》《敬身》《稽古》四部分。《立教》主要讲教育的重要和方法；《明伦》主要讲父子之亲、君臣之义、夫妇之别、长幼之序、朋友之交；《敬身》主要讲恭敬修养功夫；《稽古》辑录了历代思想家的行为表现，作为《敬身》的证明。外篇二卷，分为《嘉言》《善行》，分别辑录了汉至宋代思想家的言论和行为表现，作为《立教》《明伦》《敬身》的补充和说明。

⑤ 圣贤：在儒学的王道信仰之中，生命的境界被分为圣人、贤人、君子、士人、庸人。圣贤即是圣人与贤人的合称，指品德高尚、有超凡才智的人。

⑥ 事父母，事君上：出自《论语·学而》："子夏曰：'贤贤易色；事父母，能竭其力；事君，能致其身；与朋友交，言而有信。'"事，侍奉、供奉、服侍。

⑦ 昆弟：兄弟。昆，哥哥。

▎ 实践要点 ▎

这是左宗棠写给六岁长子孝威的家书。在信中，他开篇便关切地询问，孝威近来有没有读《小学》一书，有没有将圣贤的言行作为自己的榜样。"圣贤千言万语，教人且从近处做去。"左宗棠爱子心切，更懂得儿童教育宜早不宜迟，且要落实在穿衣吃饭这样的眼前事上，落在实处，而非空谈理论。朱熹编纂的《小学》，记录了大量圣贤君子的嘉言善行，是一本标准的体现儒家价值观和言行规范的儿童启蒙之书，其中许多圣人格言，短小精悍，便于儿童理解、学习和接受，在快乐的学习实践中不知不觉得到教化。

左宗棠的祖父和父亲都是秀才，他从小受到儒家文化的熏染。他要求孝威从小学习父子之亲、君臣之义、友爱兄弟、与朋友交往诚实守信等立身处世的人伦之基，这说明左宗棠的教育观始终以"孝悌仁义"作为思想和行动指南。左宗棠主讲渌江书院时，根据朱熹《小学》中"撮取八则，定为学规，以诏学者"的要求制定学规。《小学》所强调的品行修养、立志向上，做一个有仁德的君子等，是左宗棠心目中好子弟的标准，其中的有益部分仍然值得我们借鉴。

早眠、早起。读书就是要眼到（一笔一画莫看错）、口到（一字莫含糊）、心到（一字莫放过）。写字（要端身正坐，要悬大腕①，大指节要凸起，五指爪均要用劲，要爱惜笔墨纸）。温书要多遍数想解，读生书要细心听解。走路、吃饭、穿衣、说话，均要学好样（也有古人的样子，也有今人的样子，拣②好的就学）。此纸可粘学堂墙壁，日看一遍。

廿三夜四鼓（父字）

　　久不作篆，偶为霖儿书千文仿本五纸寄去；须玩其用笔之意，以浓墨③临之。

今译

　　早睡早起。读书必须眼到、口到，心到。眼到——每个字的一笔一画都不要看错；口到——每一个字的读字吐音都不要模糊；心到——每一个字的含义都不要忽略。写字——坐姿要端正，要将腕关节和肘关节悬在空中，大拇指的指节要用力凸起，五指要均匀用力，要爱惜笔墨和纸张。温习功课时要多想几遍理解透，没有读过的书要注意仔细听老师讲解。走路、吃饭、穿衣服、与人交谈，都要学好样——其中有古人的样子，也有今人的样子，选取好的样子就要学会。这张纸可以贴在学堂墙壁上，每天看一遍。

我很久没有写篆书了，抽空为霖儿你写了五页《千字文》篆书寄回。你好好琢磨写字运笔时的笔法与气韵，并学着用浓墨法临摹。

｜ 简注 ｜

① 悬大腕：腕部和肘部离开桌面空悬起来，肘部略高于腕部。

② 拣：挑拣，选取。

③ 浓墨：书法或绘画中，落墨较重，可使画面厚重有神。用浓墨要"薄"，即笔法灵活，只有干、湿、深、浅变化有致，才能浓而不凝滞。

｜ 实践要点 ｜

左宗棠教育儿子注重从"小事"着眼，而非泛泛而谈空洞的大道理。比如：早睡早起，读书要做到眼到、口到、心到，要常常温故而知新；连走路、吃饭、穿衣、说话这些具体而微的行为举止，均要学好榜样，从小就开始培养他好学、上进、自律的良好习惯。这些不是无关紧要的小事，而是"于细微处见精神"。

他认为，儿子应该学习一切优秀的榜样，不仅从古人那里学，也要从今人这里学，这是一种兼容并包的教育观。叱咤沙场的左宗棠在家书中多有"碎碎念"，正透露出远方慈父的细腻与温情。

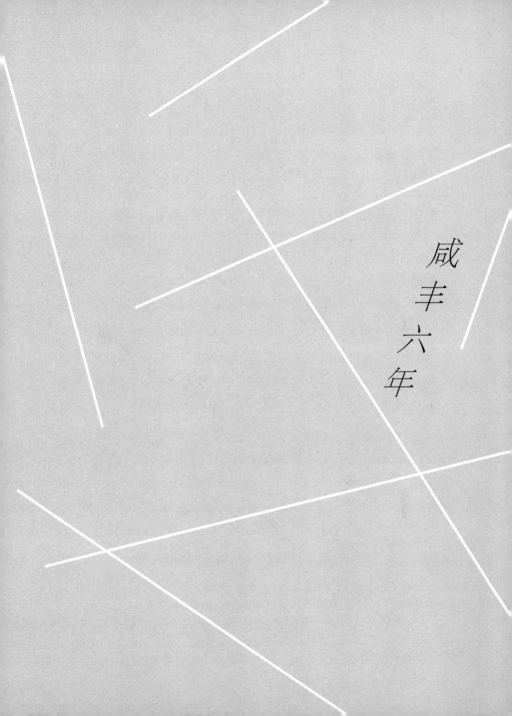

咸豐六年

与癸叟①侄（务实学之君子必敦实行，丈夫事业非刚莫济）

癸叟侄览之：

郭意翁②来，询悉二十四日嘉礼③告成，凡百顺吉，我为欣然。

尔今已冠④，且授室⑤矣，当立志学作好人，苦心读书，以荷世业⑥。吾与尔父渐老矣。尔于诸子中年稍长，姿性近于善良，故我之望尔成立⑦尤切，为家门计，亦所以为尔⑧计也，尔其敬听之。

| 今译 |

郭意翁来军中，我详细地询问他关于你的种种情况，得知你已于二十四日完成婚礼，诸事顺利吉祥，我为你感到高兴。

你现在已满了二十岁，而且已经娶妻，应当立志做一个优秀的子弟，勤奋苦读，继承父辈或先辈的事业（将家族门风发扬光大）。我与你的父亲已渐渐衰老。你在家族兄弟中年龄稍长，天性纯良，所以我对你自立成人的期望更加迫切，这是为整个家族的未来考虑，也是为你的前途打算，你应该将我的话好好放在心上。

｜ 简注 ｜

① 癸叟：左宗棠侄儿，二哥左宗植之子。

② 郭意翁：郭崑焘，字仲毅，号意诚，晚年自号樗（chū）叟，郭嵩焘大弟。两家相距不远，来往密切。清道光二十四年（1844）中举人。郭崑焘与兄嵩焘，都以才名重一时。郭崑焘的主要著作有《卧云山庄诗集》八卷、《卧云山庄尺牍》八卷、《卧云山庄别集》（含试帖二卷、联语三卷）、《诗文经字正谊》四卷、《卧云山庄家训》二卷。

③ 嘉礼：婚礼。

④ 冠：帽子，古时男子二十岁行冠礼，代指成年。

⑤ 授室：把家事交给新妇。语本《礼记·郊特牲》："舅姑降自西阶，妇降自阼阶，授之室也。"孔颖达疏："舅姑从宾阶而下，妇从主阶而降，是示授室与妇之义也。"后以"授室"指娶妻。

⑥ 以荷世业：继承父辈或先辈的事业。荷，继承。

⑦ 成立：成人，自立。如李密《陈情表》："臣少多疾病，九岁不行，零丁孤苦，至于成立。"

⑧ 尔：你。

左宗棠对子侄辈同样倾注了无限的关爱，对子弟中年龄较长的侄儿癸叟尤其如此。他希望侄儿能自觉意识到身上所肩负的责任，固守耕读家风，养成良好的行为习惯，做同辈中的好榜样。

每一个家族成员的德行修养，都将关系到整个大家族的和睦相处和稳定发展，甚至能影响到整个大家族的命运，所以有远见的长辈都特别重视对每一位家族子弟的教育和培养，以期相互影响，共同成长，才能形成良好的家风。

读书非为科名计，然非科名不能自养，则其为科名而读书，亦人情也。但既读圣贤书，必先求识字。所谓识字者，非仅如近世汉学①云云也，识得一字即行一字，方是善学。

终日读书，而所行不逮一村农野夫，乃能言之鹦鹉耳。纵能掇巍科②、跻通显③，于世何益？于家何益？非惟无益，且有害也。冯钝吟④云："子弟得一文人，不如得一长者；得一贵仕，不如得一良农⑤。"文人得一时之浮名，长者培数世之元气；贵仕不及三世，良农可及百年。务实学⑥之君子必敦实行⑦，此等字识得数个足矣。

科名亦有定数^⑧，能文章者得之，不能文章者亦得之；有道德者得之，无行谊^⑨者亦得之。均可得也，则盍^⑩期蓄道德而能文章乎？此志当立。

今译

读书不是为了博取功名，但读书人唯有通过功名才能养活自己，因此为了功名而读书也是人之常情。但是既然（追求功名）要读圣贤书，就必须先识字。所谓识字，不仅是指当今汉学家所指的训诂或考据方面的内容，认识一个字就要践行一个字，这才是会学习的人。

如果整日读书，而言行举止还比不上一个乡野村夫，那不过是一只会说话的鹦鹉罢了。纵然能在科举考试中获得优秀成绩、成为高官显贵，对这个社会又有什么益处呢？对于家族有什么益处呢？不仅没有益处，反而有害处。冯钝吟曾经说："子弟中培养出一个文人，不如培养出一位德高望重的长者；子弟中产生一名高官，不如培养出一名善于耕种的农夫。"因为文人只能得到显耀一时的虚名，德高望重的长者则能培养数代的元气；高官厚禄最多传不过三代，善于耕种的农夫的传授可延续数百年。致力于追求真才实学的君子一定要督促自己切实践行，与之相关的文字认识一些就够了。

科举功名有一定的气数，文章写得好的人可以获取，文章写得不佳的人也能获取；品德高尚的人可以获取，品行不端的人也可能获取。（既然）都能够得到，何不希望（自己）积聚道德品行的同时又能写好文章呢？你应该有这样的志向。

简注

① 汉学：清代把研究文字、音韵、训诂、考据这几门学问统称为汉学。因继承汉代学者注重文字和名物制度的研究传统，故名。

② 掇（duō）巍科：在科举考试中获得优秀成绩。掇，拾取，摘取。巍科，古代科举考试名列前茅者。

③ 跻通显：升为高官显贵。跻，登上、升上。通显，通达显贵，指高官威名。

④ 冯钝吟：冯班，字定远，晚号钝吟老人，明末清初诗人。

⑤ 良农：善于耕种的农夫。

⑥ 务实学：致力于追求真才实学。务，致力。实学，真实的学问或才能，踏实而有根底的学问。

⑦ 敦实行：督促自己开展实际行动。敦，督促。实行，实际行动。

⑧ 定数：一定的气数，定命。

⑨ 行谊：品行端正。

⑩ 盍：疑问副词，何不。

这是左宗棠关于读书求学的一段重要的话。他教导侄儿正确对待三种关系。

其一是读书与功名的关系。功名不是首要目的，重要的是实现平生志向。读书是为了增进学问，砥砺品行，将耕读之家的寒素之风代代传承。如果培养出只能显耀一时的文人和高官，不如培养出可以言传身教数代的长者与良农。一个家族如果能培养一个德高望重的长者，并将知行合一的操守和志向代代相传，这个家族无疑就能福泽延绵，长盛不衰。

其次，学与行的关系。读书是用来指导现实生活的，要致力于真才实学和督促自己勤于实践。能够学以致用才算是会读书。"纸上得来终觉浅，绝知此事要躬行。"读书要勤学，更要践行，书本知识必须通过实践去检验和印证。

其三是道德与文章的关系。两者同等重要，相比之下，道德比文章更重要，首先应该考虑"蓄道德"，然后才考虑道德与文章二者兼而有之。

如何辩证认识这些关系，对于每一个求学者都很重要。这是左宗棠体悟人生的金玉良言。他在三次会试落第后绝意仕进，倾心经世致用之学，才为后来的文治武功奠定了坚实的基础。如果一个人能尽早树立远大的志向，认识到自己不是为功名而是为求知成人读书，决心在道德和笃行上下功夫，努力做到知行合一，同时讲究文章之法，无疑会受益终生。

尔气质颇近于温良，此可爱也，然丈夫事业非刚莫济。所谓刚者，非气矜^①之谓、色厉^②之谓，任人所不能任，为人所不能为，忍人所不能忍。志向一定，并力赴之，无少夹杂，无稍游移，必有所就。以柔德而成者，吾罕见矣，盍勉诸！

| 今译 |

你的性情气质较为温和善良，这是让人喜爱的优点，但是大丈夫要成就一番事业，刚强是必不可少的。怎样才算刚强呢？不是自以为了不起，不是外表强硬严厉，而是能担当他人所不能担当的重任，能够做成他人所不能做成的事业，能在困苦的环境下坚忍不拔。志向一旦确定，就要全力以赴，没有一点杂念，没有丝毫动摇，这样就必将有所成就。仅靠温柔恭顺而成就一番伟业的，我很少见到，与你们一起相互勉励！

| 简注 |

① 气矜：自以为了不起。语出《尚书·大禹谟》："汝惟不矜，天下莫与汝争能；汝惟不伐，天下莫与汝争功。"

② 色厉：外表强硬严厉。

左宗棠认为侄儿癸叟性格比较温和，先以一种平易近人的口吻表扬这是优点，然后指出应该多培养刚强气质，再从反面和正面解释了"刚"的含义，强调柔顺不能成就大事业，最后鼓励他取长补短、自我完善。

从当前家长们为子女报的兴趣班来看，基本都是知识、艺术等方面的培训，多注重分数与能力，不愿让孩子吃苦，都尽可能为子女提供舒适的环境，很少想到培养子女的坚强意志。其实，人生不如意之事十有八九。一个人只有从小就有意培养吃苦耐劳和坚忍不拔的品德，让刚强的气质成为人生的底色，面对困难毫不退缩，能够心无旁骛地专注于志向，最终才会在追求人生理想的道路上越走越远。

家世寒素，科名不过乡举，生产不及一顷，故子弟多朴拙①之风，少华靡佻达②之习，世泽之赖以稍存者此也。近颇连姻官族，数年以后，所往来者恐多贵游③气习。子弟脚跟④不定，往往欣厌失所⑤，外诱⑥乘之矣。唯能真读书则趋向⑦正、识力⑧定，可无忧耳，盍慎诸！

一国有一国之习气，一乡有一乡之习气，一家有一家之习气。有可法者，有足为戒者。心识其是非，而去其疵^⑨以成其醇^⑩，则为一国一乡之善士^⑪，一家不可少之人矣。

我们家世代贫寒，科举考试最高不过为乡试举人，家中田产最多不到一百亩，因此族中子弟多质朴纯真，极少奢侈轻薄的习气，祖先的恩泽因此得以稍微保存下来。近年来，我们家与官宦人家联姻较多，我担心多年以后，族中来往的子弟沾染富贵人家的恶习。如果子弟们心中根基不牢，往往就会好恶失宜，外界的诱惑就会趁虚而入。唯有真心读书，才能使方向正确，使识别事物的能力坚定不移，这样就没有什么让人担心的了，你们不能不慎重呀！

一个国家有一个国家的风气，一乡有一乡的乡风，一个家族有一个家族的家风。有可以作为典范的，有足以让人引以为戒的。（一个人）心中要辨别是非，去掉毛病成就纯粹，就可以成为一国一乡中品行端正的人，一个家族中不可缺少的榜样。

① 朴拙：朴实坦率，不曲意奉迎别人。

② 华靡佻达：奢侈轻薄。华靡，豪华奢侈。宋代司马光《训俭示康》："吾性不喜华靡。"佻达，轻薄放荡。《初刻拍案惊奇》卷四："郑子佻达无度，喜狎游，妾屡屡谏他，遂至反目。"

③ 贵游：没有官职的贵族子弟。最早见于《周礼·地官·师氏》："凡国之贵游子弟，学焉。"游，无官职者。

④ 脚跟：根基，根底。

⑤ 欣厌失所：好恶失当。失所，没有安身之处，失宜、失当。

⑥ 外诱：外界事物的诱惑。

⑦ 趋向：途径，方向。

⑧ 识力：识别事物的能力。

⑨ 疵（cī）：毛病，缺点。

⑩ 醇：纯粹，纯正。

⑪ 善士：品行端正之士。

| **实践要点** |

教育环境十分重要，无论是家庭环境还是社会环境，对家族子弟的熏陶作用都不可忽视。人在青少年时期，极容易在潜移默化中受到周围环境氛围的影响，言行举止容易互相效仿，尤其是身边的同窗或朋友。所谓"近朱者赤，近墨者黑"就是这个道理。所以左宗棠认为，家族子弟要认真读书，端正家风，慎交朋友。良好的家风家教须落实在日常细小处，他希望子弟专心读书，明辨是非，与

贤为邻，在增进学识的同时，提高自身德行修养，尤其不能沾染豪门子弟奢靡轻薄的习气。

> 　　家庭之间，以和顺为贵。严急烦细①者，肃杀②之气，非长养气也。和而有节，顺而不失其贞③，其庶乎④？
>
> 　　用财有道，自奉宁过于俭，待人宁过于厚，寻常酬应则酌于施报可也。济人之道，先其亲者，后其疏者；先其急者，次其缓者。待工作力役之人，宜从厚偿其劳，悯其微也。广惠之道，亦远怨之道也。

| 今译 |

家庭之间，和睦顺心最重要。若性格严厉躁急，平时将心思放在一些繁杂琐碎的小事上，就会充满严酷逼人的气氛，不利于培养良好的家庭氛围。和气而有节制，柔顺而坚持原则，就差不多了。

花费钱财要有原则，对待自己宁可节俭，对待他人则宁可宽容大方，普通的应酬交际做到符合基本礼仪的花费就可以了。周济他人的原则是，先帮亲人，再考虑关系稍远一点的；先帮情况危急的，其次是不那么紧急的。对待干苦力活的人，应该略微提高他们的劳动报酬，这是考虑到他们身份低微生活不易。尽量帮助和救济他人，也是远离怨恨的方法。

① 严急烦细：严厉躁急，繁杂琐碎。

② 肃杀：严厉而有摧残的力量。

③ 贞：封建礼教所推崇的一种道德观念，指女子不失身，不改嫁。这里指坚持原则，坚定不移。

④ 其庶乎：差不多。

| 实践要点 |

"家和万事兴。"父慈子孝、兄友弟恭、尊老爱幼、夫妻互敬互爱等，正是这种观念的体现。家庭成员之间彼此和谐相处，乐而有节，既其乐融融，又不逾越原则，符合伦理规范，是家庭和家族的大幸。中华民族自古以来就重视家庭和睦，重视家中亲情。我们无论身处哪个时代，都要"和而有节，顺而不失其贞"。

钱财消费方面，左宗棠的原则是俭以待己、宽以待人。接济亲人的原则是先亲后疏，因为关系越亲，感情越深，自然应该施以援手，患难与共。身边的人有穷急之难的时候，先救急，这也符合我们中国人常说的"救急不救穷"的道理。至于家中雇佣的那些穷苦之人，在报酬方面，不仅不能克扣，反而应在原来的基础上给得略微丰厚一点，以体现我们的怜恤之心。这些都充分体现了左宗棠守礼和仁爱他人之心。左宗棠深知教育子弟的重要性和不容易，也付出了非常多的心血，对于即便不在身边的侄儿，他也以长辈的身份给予生活和学习上的指导，可谓关怀备至。

人生读书得力只有数年。十六以前知识未开，二十五六以后人事渐杂，此数年中放过，则无成矣，勉之！

新妇名家子，性行之淑可知。妃匹①之际，爱之如兄弟，而敬之如宾，联之以情，接之以礼，长久之道也。始之以狎昵②者其末必暌③，待之以傲慢者其交不固。知义与顺之理，得肃与雍之意④，世家之福永矣。妇女之志向习气皆随其夫为转移，所谓"一床无两人"也。身出于正而后能教之以正，此正可自验其得失，毋遽⑤以相责也。孟子曰："身不行，道不行于妻子。"

| 今译 |

人的一生，真正用来读书的时间并不多。十六岁之前没有主动学习知识的想法，二十五六岁之后人事渐渐纷杂，如果中间的这十年疏忽懈怠，则会一事无成，切记！

你新娶的媳妇乃名门淑女，一定是品行淑慧的。你们新婚不久，应该像爱护兄弟一样爱护她，像对待客人一样尊重她，平时多沟通交流，这才是夫妻长久的相处之道。开始时过于亲昵的后来不一定能够契合，彼此傲慢对待的则感情难以稳固。夫妻之间相处，若能明白道义与顺从的道理，体会严正与和睦相结合的意义，家族世代的福气就会永远持续下去。妻子的志向，通常是以丈夫为转移的，所谓"一张床上不睡两种人"，否则就是同床异梦。做丈夫的能端正自身走正道，然后才能对妻子施以潜移默化的正面影响，通过你对妻子的影响正好可以验证自身得失，切记不要互相苛责，彼此多体贴包容。孟子说："自己不遵道而行，那么要求妻子儿女遵道而行也是不可能的。"

| 简注 |

① 妃匹：指结婚或配偶。

② 狎昵：过于亲近而态度不端庄。

③ 暌（kuí）：分开，离别。

④ 得肃与雍之意：肃，表示庄重。雍，表示和谐。即体会严正与和睦相结合的意义。《诗经·有瞽》："肃雍和鸣，先祖是听。"

⑤ 遽：遂，就，因此。

| 实践要点 |

癸叟新婚不久，左宗棠教他如何与新媳妇相处。齐家然后方能治国，经营好家庭是人生的重要目标。对待妻子，应爱敬并用，多体察对方的情感需要，体贴包容，这样夫妻之间才能夫唱妇随，志同道合。左宗棠对于夫妻之道，具有难得

的平等意识，他反对丈夫对妻子居高临下，随意差遣。他认为，尊妻、爱妻，平等视之，才是丈夫应有的风度和胸襟。做丈夫的要在家庭中起引领作用，夫妻之间要互相提携，共同进步。

胡云阁①先生乃吾父执友，曾共麓山研席②者数年。咏芝③与吾齐年生，相好者二十余年，吾之立身行事，咏老知之最详，其重我非它人比也。尔今婿其妹，仍不可当钧敌之礼，无论年长以倍，且两世朋旧之分重于姻娅④也，尊之曰先生可矣。

尔婚时，吾未在家。日间文书纷至，不及作字，暇间为此寄尔。自附于古人醮子⑤之义，不知尔亦谓然否？如以为然，或所见各别，可一一疏陈之，以觇⑥所诣⑦也。

正月二十七夜四鼓季父字

| 今译 |

胡云阁先生是我父亲的挚友，他们曾经一起在岳麓书院求学多年。咏芝与我同年出生，已是二十多年的老朋友，我为人做事的作风，他最为了解，他对我的推重是其他人所不能相比的。现今，你和他的妹妹结婚了，不能以平辈的礼节待

他，无论是因为他的年纪比你大了一倍，还是因为两家人世交的情谊比姻亲分量更重，你都应该尊称他为先生。

你结婚的时候，我不在家。我平日里文书往来繁冗，来不及向你表示祝贺，今天我略有空闲，借此在家书中写下这些话送给你。好比是婚礼仪式中父亲对儿子的鼓励，不知你是否认同？如果你认为是这样，或者有别的见解，可以写信来一一陈述，让我们共同分析各自认识所达到的程度。

| 简注 |

／

① 胡云阁：胡达源，胡林翼的父亲。字清甫，号云阁。曾以一甲第三名进士及第，直接入翰林院，授编修。后官至詹事府少詹事，为四品京堂。湖南益阳人。

② 研席：砚台与坐席。亦借指学习。

③ 咏芝：胡林翼，字贶生，号润芝，晚清中兴名臣之一，湖南益阳人，湘军重要首领。道光十六年进士。授编修，先后充会试同考官、江南乡试副考官。历任安顺、镇远、黎平知府及贵东道，咸丰四年迁四川按察使，次年调湖北按察使，升湖北布政使、署巡抚。抚鄂期间，注意整饬吏治，引荐人才，协调各方关系，曾多次推荐左宗棠、李鸿章、阎敬铭等，为时人所称道，与曾国藩、李鸿章、左宗棠并称为"中兴四大名臣"。在武昌咯血死。有《胡文忠公遗书》等。

④ 姻娅（yīn yà）：亲家和连襟，泛指姻亲。也作"姻亚"。这里指1856年胡林翼的妹妹胡同芝嫁给了左宗棠二哥左宗植的长子，即癸叟。

⑤ 醮（jiào）子：古冠、婚礼所行的一种简单仪式。尊者对卑者酌酒，卑者接受敬酒后饮尽，不需回敬。笄者行礼后从正宾手中接过醴酒，轻洒于地面表示祭祀天地，然后象征性地抿一点酒。

⑥ 觇（chān）：窥视，观测。

⑦ 诣（yì）：学业或技能所到达的程度、境界。

| 实践要点 |

左宗棠细心关注晚辈的成长，涉及日常小事和婚姻生活，且没有摆一点尊者长者的架子。他以商量的口吻讲了四点理由，希望侄儿尊称新婚妻子的哥哥胡林翼为先生，而不用平辈礼仪，并鼓励侄儿来信说出自己的见解。真诚平实，娓娓道来，是亦师亦友的平等交流。父母与子女相处时，如果只是一味灌输说教，容易引起孩子的逆反，甚至厌恶；如果能做到平等相待，自然就能拉近距离，赢得子女的好感，教育的引导效果才能凸显。

咸丰七年

与周夫人（有不虞之誉，斯有求全之毁）

涤公^①以接济军饷有功，保我为兵部郎中，并加花翎^②，可谓怪矣。我本不愿做官，乃竟屡叨^③恩命^④。好在京秩^⑤尚可会试，将来便可借口下台耳。宗涤楼给谏^⑥与我无一面之缘、一字之交，而保荐人才以我为首，称为"不求荣利，迹甚微而功甚伟，若使独挡一面，必不下于胡林翼诸人"等语，诚不知其何以得知，遂至动九重^⑦之听，命抚帅出具切实考语，送部引见，斯殆希世之逢也。自惟德薄，何以堪之？有不虞之誉^⑧，斯有求全之毁^⑨，无怪乎骂我者，日纷纷于吾耳目之前也。

| 今译 |

涤公曾国藩以我接济军饷有功，举荐我担任兵部郎中，并赏戴花翎，这是多么不寻常呀。我本不情愿做官，竟然多次得到皇帝的恩宠诏命。好在京官可以参加会试，我便可以此为借口辞官。御史宗稷辰与我并无一面之缘，无一字之交，却在推荐人才时将我列为首位，称赞我时有"不看重荣华功利，出身虽然低微而

功劳卓著，如果能有机会独当一面，成就必定不在胡林翼等人之下"等言语，实在不知道他从哪里了解到这些，以至于惊动了皇帝，命令督抚逐条写好对我的考察意见呈报吏部引见，这真是旷世未有的奇遇。我自认为德行浅薄，又怎么能承受如此盛誉？有意料之外的赞扬，就会有过于苛求的诽谤，难怪现在责骂我的人，每天都耳闻目睹不少呢。

| 简注 |

① 涤公：曾国藩，初名子城，字伯涵，号涤生。官至两江总督、直隶总督、武英殿大学士，封一等毅勇侯，谥号"文正"，后世称"曾文正"。中国近代政治家、战略家、理学家、文学家，湘军的创立者和统帅。

② 花翎（líng）：清代官品的冠饰。以孔雀翎为饰，故称为花翎。以翎眼的多寡区分官吏等级。五品以上，不待勋赏得捐纳而戴之，唯限于一眼；大臣有特恩者二眼；宗臣如亲王贝勒等始戴三眼。

③ 叨（tāo）：自谦的话。表非分、过分，常用于功名、功劳。

④ 恩命：谓帝王颁发的升官、赦罪之类的诏命。

⑤ 京秩：京官。

⑥ 宗涤楼给谏（gěi jiàn）：指当时御史宗稷辰。给谏，唐宋时给事中及谏议大夫的合称。宋门下省有给事中，掌封驳政令违失，另有左、右谏议大夫分隶门下、中书二省，掌规谏讽谕，二者合称给谏。清代用作六科给事中的别称。宗稷辰，号涤楼，咸丰元年（1851）任御史。曾大力推荐左宗棠，疏入，下各督

抚，命左宗棠等加考送部引见，左宗棠自此发达。

⑦ 九重：天之极高处，比喻帝王居住的地方。

⑧ 不虞之誉：虞，料想。誉，称赞。没有意料到的赞扬。

⑨ 求全之毁：毁，说别人坏话，诽谤。过于苛求的诽谤。出自《孟子·离娄上》："有不虞之誉，有求全之毁。"

| 实践要点 |

/

在这封家书中，左宗棠向周夫人坦言自己不愿意做官，并非恃才傲物，而是真正的淡泊仕途，竟然想到日后可以用参加会试的借口而辞官脱身。在"身无半亩，心忧天下"非凡志向的引领和践行下，他得到宗稷辰、曾国藩、胡林翼等人的极力举荐，引起了朝廷注意。左宗棠出身寒素，勤耕读是他一贯的修身准则。他害怕官场浮华盛名招致非议和耻辱，是对先祖积累遗存福泽的一种透支。他始终保持高度的危机感和自省精神，其不慕荣利的传统文人的风骨和对待官位的风范，具有超越时代的永恒魅力，颇值得当今那些心浮气躁、爱慕虚荣者细细品味与学习。

咸
丰
十
年

与孝威孝宽（读书要目到、口到、心到）

孝威、宽知之：

　　我此次北行，非其素志。尔等虽小，当亦略知一二。世局如何，家事如何，均不必为尔等言之。惟刻难忘者，尔等近年读书无甚进境，气质毫未变化，恐日复一日，将求为寻常弟子不可得，空负我一片期望之心耳。夜间思及，辄①不成眠，今复为尔等言之。尔等能领受与否，我不能强，然固不能已于言也。

　　读书要目到、口到、心到。尔读书不看清字画偏旁，不辨明句读，不记清首尾，是目不到也。喉、舌、唇、牙、齿五音并不清晰伶俐，蒙笼含糊，听不明白，或多几字，或少几字，只图混过就是，是口不到也。经传精义奥旨，初学固不能通，至于大略粗解，原易明白。稍肯用心体会，一字求一字下落，一句求一句道理，一事求一事原委，虚字审②其神气，实字测其义理，自然渐有所悟。一时思索不得，即请先生解说；一时尚未融释，即上下文或别章、别部义理相近者反复推寻，务期了然于心，了然于口，始可放手。总要将此心运在字里行间，时复思绎③，乃为心到。今尔等读书总是混过日子，身在案前，耳目不知用到何处，心中胡思乱想，全无收敛归着④之时。悠悠忽忽，日复一日，好似读书是答应人家工夫，是欺哄人家、掩饰人家耳目的勾当。昨日所不知不能者，今日仍是不知不能；去年所不知不能者，今年仍是不知不能。孝威今年十五，孝宽今年十四，转眼就长大成人矣。从前所知所能者，究竟能比乡村子弟之佳者否？试自忖之。

今译

我这次北上，本来不是我向来的意愿。你们虽然年纪幼小，但也应该有所了解。国家大事和家里的事情，无须跟你们细说。我现在最放心不下的，只是你们近年来读书没什么进步，气质修养也没什么改变，我担心日子一天一天过去，就连普通家庭的孩子都做不了，辜负我一片期望。每天晚上睡觉之前，我一想到这些，就辗转难眠，今天在此再次跟你们强调，希望你们能放在心上。你们能否理解父亲的殷殷期望，我不能强求，（一想到做父亲的责任）我就不能停下我想写的话。

读书要眼到、口到、心到。你读书的时候，不看清字画偏旁，不能正确地停顿，记不清开头和结尾，都是眼睛没有认真看的缘故。喉咙、舌头、嘴唇、牙、口齿五音不能清晰灵活，发音模糊听不清楚，或多几个字，或少几个字，只图蒙混过关，是因为诵读不到位的缘故。经典中精微深刻的奥妙，初学的时候固然不能贯通掌握，但大致的思路和意思，原本是容易知晓的。

只要稍微用心去体会，每一个字探求来龙去脉，每一句话探求包含的道理，每一件事探求其中的原委，揣度虚词中贯穿的神韵和气势，反复推敲实词中蕴含的义理，自然而然就会慢慢领悟。一时思考后不能理解的，可以请老师解说；一时不能贯通融汇的地方，可以联系上下文推敲，或通过在别的文章中触类旁通，务必要想清楚、读明白才能放手。

读书要将心思放在字里行间，时时刻刻思索寻求，才是心到。如今，你们读书的时候总有种混日子的打算，身子坐在书桌前，耳朵和眼睛却不知到哪里去了，心里胡思乱想，毫无集中心思的时候。一天天地闲游晃荡，好像读书是为了应付别人的工夫，是哄骗别人、装模作样给别人看的勾当。昨天不能理解不能做到的，今天仍然是不能理解不能做到；去年所不能理解不能做到的，今年还是不能理解不能做到。孝威今年十五岁，孝宽今年十四岁，转眼就长大成人了。（你们）以前所理解所掌握的学识与能力，跟乡野弟子相比，是否能略胜一筹呢？你们自己好好琢磨吧。

| 简注 |

① 辄：总是，就。

② 审：反复分析，推敲。

③ 思绎：思考，理出头绪。

④ 收敛归着：减少放纵，将心思集中。

| **实践要点** |

左宗棠因"樊燮案"处境危险，无奈之下他请求发给公文赴京参加会试。虽然在北上途中，他仍念念不忘家中十五岁孝威和十四岁孝宽的学业，十分担忧，以至于夜不能寐。他强调读书要"目到、口到、心到"，从正反两方面进行详细指导，特别列举了大量他认为是混日子的反面例子，毫不客气地给儿子当头棒喝，从中可以看出他望子成龙的心切和教子的严厉。这种严格，不是破口大骂，不是讲空洞道理，不是无从下手，而是针对"三到"的读书方法一一进行剖析，让儿子们对号入座、反躬自省，其实也是他自己读书的经验之谈。

> 　　读书作人，先要立志。想古来圣贤豪杰是我者般年纪时是何气象？是何学问？是何才干？我现才那一件可以比他？想父母送我读书、延师训课是何志愿？是何意思？我那一件可以对父母？看同时一辈人，父母常背后夸赞者是何好样？斥詈①者是何坏样？好样要学，坏样断不可学。心中要想个明白，立定主意，念念要学好，

事事要学好。自己坏样一概猛省猛改，断不许少有回护②，断不可因循苟且③，务期与古时圣贤豪杰少小时志气一般，方可慰父母之心，免被他人耻笑。

志患不立，尤患不坚。偶然听一段好话，听一件好事，亦知歆动④羡慕，当时亦说我要与他一样。不过几日几时，此念就不知如何销歇⑤去了，此是尔志不坚，还由不能立志之故。如果一心向上，有何事业不能做成？

| 今译 |

读书做人，首要的是立志。想想自古以来圣贤豪杰在我这个年纪的时候，行为举止是什么样的风格气度？学问到了何种渊博精深的地步？具备了什么样的才干和建树？我自己现在哪一样是比得上他们的？父母送我读书、请老师授课的期盼和心愿是什么？其中有什么样的用意？我有哪一件事情可以对得起父母？在自己同一辈人中，父母常常背后夸奖的是哪些方面？所批评的又是哪些方面？好样要学，坏样绝对不能学。凡事自己心中应该想清楚，对事情有自己的看法，时刻提醒自己要朝好的方面学习，事事都要学着做好。自己的坏样一律都要猛然醒悟、猛然改正，绝对不能包庇袒护，绝对不能沿袭旧习性敷衍不改，务必使自己与古代圣贤豪杰小时候的志向气质一样，这样才可以使父母心安，免得被其他人耻笑。

（我）担心的是（你的）志向不能树立，更担心（你的志向）不能坚定不移。偶然听到一段好话，听到一件好事，也知道心动羡慕，当时也说我要和他一样云云。不过几天或一段时间后，当初的想法就不知道已经消失到哪里去了，这就是你志向不坚定的表现，也是没有真正立下志向的缘故。如果一心上进，还有什么事情做不成呢？

| 简注 |

① 斥詈（lì）：责骂。严厉的、放肆的指责或辱骂。

② 回护：包庇，袒护。

③ 因循苟且：沿着旧习，敷衍草率，不思改变。

④ 歆（xīn）动：心动而羡慕，欣喜动心。

⑤ 销歇：休止，消失。

| 实践要点 |

"有志者事竟成。"应该怎样立志？应该立什么样的志向呢？左宗棠一连用九个疑问句引导子女去思考，虽没有明确答案，但子女在这一连串思考后自然会有答案，参照标准就是古代圣贤豪杰少年时期的志向。立下志向后应该怎样做呢？志向一立，时刻要想到志向，言行要对照志向，对坏毛病要痛下决心改正，不要给自己找借口。"无志之人常立志，有志之人立常志。"立志难，立志后的坚持更

难。他通过描绘立志不坚的情形，告诫子女要坚定不移，鼓励他们坚持不懈。

虽然谈的是"立志"这样的大道理，但是他也注意启发子女进行思考；不是早下结论，而是激发他们通过思考而铭记在心，从中可以看出他对于如何讲好大道理是花了不少心思的。

陶桓公①有云："大禹惜寸阴②，吾辈当惜分阴。"古人用心之勤如此。韩文公③云："业精于勤而荒于嬉④。"凡事皆然，不仅读书。而读书更要勤苦，何也？百工技艺及医学、农学，均是一件事，道理尚易通晓。至吾儒读书，天地民物⑤，莫非己任；宇宙古今事理，均需融澈⑥于心，然后施为⑦有本⑧。人生读书之日最是难得，尔等有成与否，就在此数年上见分晓。若仍如从前悠忽⑨过日，再数年依然故我，还能冒读书名色⑩、充读书人否？思之，思之。

| 今译 |

陶侃曾经说："大禹珍惜每一寸光阴，我们应当珍惜每一分光阴。"古人尚且如此勤勉，我们是不是该向他们学习呢？韩愈说："学业由于勤奋而专精，由于玩乐而荒废。"世界上所有事情都是这个道理，不单单是指读书。但是，读书要

更加勤奋刻苦，为什么呢？因为百工技艺，以及医学、农学，都是只需做好一件事情，道理相对浅显容易明白。至于我们儒生读书，天地、百姓、万物，无一不与自己息息相关，都是要担当的责任；时间、空间、过去、未来的发展规律，都要在心中融会贯通，然后施展作为才有根据。人一生中静心读书的日子是最宝贵的，因此值得好好珍惜。你们今后能不能有所成就，就在这些年可以见分晓。如果你们还像从前那样闲游晃荡荒废时日，往后还好意思继续冒充读书人吗？你们应当好好想想。

｜ 简注 ｜

① 陶桓公：陶侃，东晋时期名将。历任县吏、郡守、刺史，官至侍中、太尉、荆江二州刺史、都督八州诸军事，封长沙郡公。去世后获赠大司马，谥号桓。其曾孙为著名田园诗人陶渊明。

② 寸阴：日影移动一寸的时间，比喻非常短的时间。

③ 韩文公：韩愈，字退之。唐河南河阳（今河南孟州）人。自称"郡望昌黎"，世称"韩昌黎""昌黎先生"。唐代杰出的文学家、思想家、哲学家、政治家。

④ 嬉：游戏，玩耍。

⑤ 天地民物：天地、百姓、万物。蔡邕《陈太丘碑》："神化著于民物，形表图于丹青。"张载《横渠语录》："为天地立心，为生民立命，为往圣继绝学，为万世开太平。"民物，指人民万物。

⑥ 融澈：融通透彻而明晰。

⑦ 施为：施展作为。韩愈《爱直赠李君房别》："南阳公举措施为不失其宜。"

⑧ 本：根据，依凭。

⑨ 悠忽：轻忽游荡以度日。比喻虚耗光阴不自振作。

⑩ 名色：名目，名称。

| **实践要点** |

青少年时期的求学者总会想两个问题：为什么要读书？为什么要这么勤苦地读书？如果想通了这两个问题，立志求学也就有了方向。左宗棠告诉孝威：读书不是为了科名、好听、孝顺父母，而是为将来实现自己的抱负打下坚实的基础。这个抱负就是"天地民物，莫非己任"，这是对著名的"横渠（张载）四句"——"为天地立心，为生民立命，为往圣继绝学，为万世开太平"——的化用。为了实现这种以天下为己任的担当，就必须"宇宙古今事理，均需融澈于心"，不然立身行事就没有根基。

这种胸怀，是儒家推崇的境界，要做到很难。虽然不一定能够实现，但读书人必须以此为目的，才能跳出"小我"的狭隘，才能志存高远，才能挖掘潜力，才会避免成为"两耳不闻窗外事"的"书呆子"，读书苦学才会有源源不绝的动力。所以读书比只精一业的百工技艺都要难，需要比学技艺的人更勤苦。人生事业的根基就是在青少年求学时期奠定的，不珍惜这段短暂的黄金岁月，要实现抱负就是空谈，所以必须珍惜寸阴。这些道理，对帮助莘莘学子树立正确的读书目的和读书态度，是很有价值的。

孝威气质轻浮[1]，心思不能沉下，年逾成童[2]而童心未化，视听言动，无非一种轻扬浮躁之气。屡经谕责，毫不知改。孝宽气质昏惰，外蠢内傲，又贪嬉戏，毫无一点好处可取。开卷便昏昏欲睡，全不提醒振作。一至偷闲玩耍，便觉分外精神。年已十四，而诗文不知何物，字画又丑劣不堪。见人好处不知自愧，真不知将来作何等人物。我在家时常训督，未见悛改[3]。今我出门，想起尔等顽钝不成材料光景，心中片刻不能放下。尔等如有人心[4]，想尔父此等苦心，亦知自愧自恨，求痛改前非以慰我否？

亲朋中子弟佳者颇少。我不在家，尔等在塾读书，不必应酬交接。外受傅训，入奉母仪[5]可也。

| 今译 |

孝威言行举止不庄重，心思不能集中，年龄已经超过十五岁了还童心不改。所看、所听、所说和所做无不充斥着一种轻浮躁动的气质。我多次告知和责备，但一点也没有改正。孝宽言行举行昏昧怠惰，外表愚蠢而内心傲慢，又贪玩，毫

无可取之处。每次打开书本，便提不起精神，昏昏欲睡。一到玩耍的时候，就精神百倍。现在已经十四岁了，连诗文是什么都不知道，写字的笔画又十分拙劣。看到别人好的方面不感到惭愧，真不知道将来会成为什么样的人。我以前在家的时候，常常督促训导你们，也没见你们有丝毫悔改。现如今出门在外，一想起你们愚笨不成才的种种样子，心里一刻也放不下。如果你们还有良心，想到父亲这样的良苦用心，会知道惭愧悔恨，然后痛下决心改过自新以告慰父亲我吗？

亲朋好友当中优秀的子弟不多。我不在家，你们在私塾读书，不要去应酬交游。在外面遵循老师的训导，回家听你们母亲的话，也就可以了。

| **简注** |

/

① 轻浮：言行举止轻佻，不庄重。

② 成童：古代指年纪稍长的儿童，这里指十五岁以上的青少年。

③ 悛（quān）改：改过自新。悛，悔改。

④ 人心：良心。

⑤ 母仪：作为人母的典范。

| **实践要点** |

/

左宗棠这一次斥责，不留情面，用词严苛，也许有矫枉必须过正的想法，亦是"爱之深，责之切"的注解。今人教育孩子，多采用鼓励教育，信奉释放孩子天性的教育观，哪怕稍微对孩子严厉一点，都会认为有"伤害"与"虐待"之嫌。不过，也不能一味鼓励，如果面对屡教不改的情况，还是可以适当采用严厉批评的方法，但不宜多用，须把握时机适可而止，管理好自己的情绪。严厉之后还要观察反应，避免产生逆反心理，最好还是动之以情、晓之以理，尽量多用春风化雨的方法。

> 读书用功，最要专一无间断。今年以我北行之故，亲朋子侄来家送我；先生又以送考耽误工课，闻二月初三、四始能上馆①，所谓"一年之计在于春"者又去月余矣。若夏秋有科考，则忙忙碌碌又过一年，如何是好？今特谕尔：自二月初一日起，将每日工课按月各写一小本寄京一次，便我查阅。如先生是日未在馆，亦即注明，使我知之。屋前街道、屋后菜园，不准擅出行走。如奉母命外出，亦须速出速归。出必告，反②必面，断不可任意往来。

| 今译 |

读书用功，最重要的是心思专一，不能间断。今年因为我出门北上的缘故，亲朋好友子侄辈都来送别；先生又因为送考耽误不少功课，听说二月初三、初四

才能过来开始授课，所谓"一年之计在于春"又过去了一个多月。如果夏天和秋天有科举考试，则忙忙碌碌又过了一年，怎样才好呢？在这里我对你特别提出要求：从二月初一开始，每天的功课按月写一小本寄北京一次，以方便我查阅。如果哪天先生不在馆，也需要注明，让我有所了解。屋前的街道、屋后的菜园，不准擅自外出溜达玩耍。即使你母亲要你外出，也要快去快回。出门的时候必须告诉母亲，回来后也必须当面禀告，绝对不能随意外出来往。

| 简注 |

① 上馆：塾师到东家授课。李伯元《文明小史》第十四回："孟传义等到送过宗师，依然回到贾家上馆。"

② 反：通"返"，回归、返回。

| 实践要点 |

如何知道家中的孝威有没有荒废时日呢？左宗棠除了讲道理外，还想了一个办法：要求孝威按月将每天的功课作业寄到北京来。他想得很周到，如果塾师不在，个人自学也要注明，看看儿子是否自觉完成了作业。为了子女成才，他不怕自己劳累，在北京参加会试还要批阅儿子的作业，真是一个负责的父亲！他的批阅可不是流于形式，而是认真批阅并写下评语。这成为他观察子女成长的重要依据，此后一直坚持，连孙辈的作业也远程批阅。现在的家长也被学校老师要求在孩子作业本上签字，能否做到像左宗棠这样用心批阅和远程批阅呢？

无论我们年龄多大，走得多远，在父母眼中，永远都是孩子。而父母最关心的就是孩子的平安，所以古人所说的"出必告，反必面"是基本的家庭教养规矩。及时了解你的行踪，父母心里才能放下时时牵挂之心，对他们来说，也是一种安慰。今天同样如此，关爱父母，就应该多将我们的生活近况汇报给父母。这不仅适用于儿童，也适用于"成人"。

同学之友，如果诚实发愤，无妄言妄动，固宜引为同类。倘或不然，则同斋①割席②，勿与亲昵③为要。

家中书籍勿轻易借人，恐有损失。如必须借看去，每借去，则粘一条于书架，注明某日某人借去某书，以便随时向取。

庚申正月三十日

（家中寄信到京，封面上写"内家言一函，敬恳吉便带至都中东草厂十条胡同长郡会馆，确交四品卿衔兵部左大人开拆，司马桥左宅寄"，背面写年月日封。）

| 今译 |

同窗好友，如果为人诚实，读书勤奋，没有荒唐无稽的言语和轻率任意的行

为，那么就可以视为志趣相同的人。否则，即使同窗共读也应该绝交，切勿走得过于亲近。

家中的书籍不要轻易借给他人，怕有损坏或遗失。如果必须要借出去，每次外借就在书架上贴一张小纸条，注明某日某人借去某本书，以便随时找对方取回。

| 简注 |

/

① 斋：屋舍，常指书房、学舍、饭店或商店。

② 割席：出自《世说新语·管宁割席》。三国时管宁跟华歆同学，读书时两人合坐一张席，后来管宁鄙视华歆的人品，把席割开分坐。后世指与好朋友绝交。

③ 亲昵（nì）：非常亲密，亲近。

| 实践要点 |

/

交朋友的原则，在左宗棠看来，看重的是学问人品，而非社会地位，特别强调"诚实发愤，无妄言妄动"。只有以"友其德"为基础的朋友方能携手前行。他引用"管宁割席"的典故，意在教导孩子们，朋友之间如果不能志同道合，不如及早断绝来往，免受不良影响。

左宗棠家族耕读相承，随着父母相继病故，家境日益贫困。起初，他无钱买书，只能四处借阅。尤其是就读于长沙城南书院之后，师从贺长龄、贺熙龄读书研习，从贺家的藏书中广泛钻研农学、医学、地理、水利、军事等经世致用之学，为他日后利民、恤民、安民的举措打下坚实的基础。他一直如饥似渴地博览群书，因此训导儿子惜书爱书，不轻易借书与人，至于志同道合的人来借书，只要做好详细的登记即可，可见左宗棠爱书之深。

与孝威（大一岁须立一岁志气长一岁学问）

孝威知之：

卅①日过湖，曾一信寄回，想已接阅。自二月初一入荆河口②，至廿③四日始抵荆州，五百余里竟行兼旬④之久，实苦迟滞⑤。今已雇小车八辆、轿二乘、马两匹，向襄阳前去，大约须闰月初始抵都也。

尔在家须用心读书，断不可如从前悠忽，是所切嘱！大一岁须立一岁志气，长一岁学问，勿贻我忧⑥。余俱详前谕，不多及也。

二月廿四日（父字）

| 今译 |

我一月三十日经过洞庭湖，曾经寄了一封家书回去，想必你们已经收到了。从二月初一进入荆河口，至二十四日才抵达荆州，五百多里路竟然花费了二十天之久，实在是苦于延缓滞留。现已雇了八辆小车、两乘轿子、两匹马，向襄阳进发，预计闰月初可抵达北京。

你们在家要用心读书，切不可像从前那样闲游晃荡，这是我要特别嘱咐的！你们每长大一岁就要长一岁的志气，增进一岁的学问，不要让我替你们担心。其余要交代的，我在上封信中已经说得很详细，这里就不多说了。

｜ 简注 ｜

/

① 卅（sà）：三十。

② 荆河口：今湖北省石首市团山寺镇北河口村，湘鄂交界处。

③ 廿（niàn）：二十。

④ 兼旬：二十天。旬，十天。

⑤ 迟滞（zhì）：延缓滞留。

⑥ 勿贻我忧：不要让我忧虑。贻，遗、留。

｜ 实践要点 ｜

/

这是左宗棠离开湖南幕府拟赴京参加会试途中的家信。虽然他不能在家中亲眼见证儿女成长的点滴，多少有些遗憾，但在家庭教育方面，他从未有片刻的松懈和疏忽，而是始终关注儿子的志向和学问，这是颇具长远眼光的。

与孝威（读书亦可以养身）

孝威览之：

　　尔身体尚未复元，凡百宜知保爱，毋贻我忧。尔母前有携①尔往外家之说，未知果否。读书亦可以养身，只要有恒无间，不在功课之多。万方多难②，吾不能为一身一家之计。尔年幼弱，诸弟更小，须一切禀母命行之。所有读书做人为终身之计者，吾曾为尔言之。时记我言，免我忧虑为要。

　　　　　　　　九月初四日章门营次（父谕）

今译

　　如今，你身体还没有完全康复，你要爱惜身体，以免我牵挂与担忧。你在上一封信中提及你母亲将带着你们一起去外祖母家，不知是否成行。读书也可以养身，只要坚持不懈，不在于每天做很多功课。现在，我们国家处于多难之秋，我不能只为自己和家族做打算。你年纪尚小，且体弱多病，弟弟们更加年幼，在家凡事都应该遵从母命。所有关于读书做人这一终身大事的道理，我以前都跟你讲过。希望你时刻记住我的话，切记不要让我忧虑。

| 简注 |

① 携：带。

② 万方多难：形容国家和百姓饱受灾难。出自杜甫《登楼》："花近高楼伤客心，万方多难次登临。"万方，全国各地。

| 实践要点 |

一般人认为，读书是脑力劳动，耗费心神，容易影响身体健康。左宗棠提出"读书亦可以养身，只要有恒无间，不在功课之多"。这是有一定道理的，当代许多学者或作家都长寿，如：语言学家周有光享年 112 岁，作家翻译家杨绛享年 105 岁，作家巴金享年 101 岁，物理学家钱学森享年 98 岁，红学家周汝昌享年 95 岁等等。总结名人寿星的养生之道可以发现，适当的脑力劳动，有规律的作息时间，清淡的饮食，平和的心态是有助于身体健康的。

孝威生下来就体质不佳，左宗棠何尝不想多在家督促他修身养性。但是"万方多难，吾不能为一身一家之计"，他向儿子解释了长年不在家的原因，希望儿子谅解，希望儿子多听母亲的话，其中有胸怀、有柔情。

咸丰十一年

与孝威（品端学优之君子，即不得科第亦自尊贵）

孝威知之：

　　接腊月初十日禀，知家中清吉，尔兄弟姊妹均好，甚为欣然。

　　尔年已渐长，读书最为要事。所贵读书者，为能明白事理。学作圣贤，不在科名一路，如果是品端学优之君子，即不得科第亦自尊贵。若徒然①写一笔时派字，作几句工致诗，摹几篇时下八股，骗一个秀才、举人、进士、翰林，究竟是甚么人物？尔父二十七岁以后即不赴会试，只想读书课子②以绵世泽，守此耕读家风，作一个好人，留些榜样与后辈看而已。生尔等最迟③，盼尔等最切。前因尔等不知好学，故尝以科名歆动尔④，其实尔等能向学作好人，我岂望尔等科名哉！来书言每日作文一篇，三六九日作文两篇。虽见尔近来学力⑤远胜从前，然但想赴小试做秀才，志趣⑥尚非远大。且尔向来体气⑦薄弱，自去春病后，形容憔悴⑧，尚未复原，我与尔母每以为忧，尔亦知之矣。

自腊月初十接到你的家书，得知家中清静祥和，你们兄弟姐妹都安好，我很高兴。

你的年龄已越来越大，读书是最为要紧的事。读书之所以重要，是读书能够让人明白事理。读书是为了成为圣贤，并不在于获取功名，如果是品学兼优的君子，即使没有考取功名也自然令人敬重。若仅仅只会写一笔流行的时髦字，作几行工整诗，模仿几篇现在推崇的八股文，骗取一个秀才、举人、进士、翰林的头衔，到底算得上什么人物呢？你的父亲我二十七岁之后就不再参加会试，只不过想读书教子延续祖先遗泽，守护好耕读家风，做一个品行端正的人，给后辈留下好榜样而已。你们出生得最晚，（因此）对你们的期盼也最为殷切。从前，我因为担心你不好好学习，便以考取功名来打动你，其实，如果你能学好向上，我又怎么会看重你是否获取功名！这次你来信说，每天写一篇文章，逢三、六、九日写两篇文章。我感觉你近来学问水平大有进步，但是只想到赴考做秀才，志向兴趣还不够远大。而且你向来体质虚弱，自从去年春天生病以后，形体容貌看上去还是枯槁瘦弱的样子，还没有完全复原，我与你母亲每每想到这里都十分担忧，这些你是知道的。

① 徒然：仅此，只是如此。

② 课子：督教子女读书。课，督促、督率。

③ 生尔等最迟：你们出生得最晚。道光二十六年，左宗棠三十五岁的时候，原配周夫人生了四个女儿之后才生下长子孝威。三十六岁时，次子左孝宽出生；四十二岁时，三子左孝勋出生；四十六岁时，四子左孝同出生。后面三个儿子的生母均为张夫人。

④ 以科名歆动尔：用科举功名来使你羡慕动心。

⑤ 学力：学问上达到的水平。

⑥ 志趣：志向兴趣。

⑦ 体气：体质。

⑧ 形容憔悴：形容，形体容貌。憔悴，瘦弱，面色不好，枯槁的样子。

| 实践要点 |

左宗棠一直告诫儿子：读书不是为了赶时髦、充门面、博功名，而是为了"明白事理""学作圣贤"。虽然偶尔也提到功名，那不过是看见儿子读书懈怠时刺激一下而已，也是顺应世俗，其实并非本心。他以自己二十七岁以来的想法坦然相告，希望孝威读书不仅仅以科名为目的，而应子承父志，不负厚望，怀有更远大的志趣。最后，还表达了对儿子体质不佳尚未康复的担忧。尽管是千里之外的书信交流，字里行间却更像是父子间的促膝谈心。

读书能令人心旷神怡，聪明强固①，盖义理悦心之效也。若徒然信口诵读而无得于心，如和尚念经一般，不但毫无意趣，且久坐伤血，久读伤气，于身体有损。徒然揣摩时尚腔调而不求之于理，如戏子演戏一般，上台是忠臣孝子，下台仍一贱汉。且描摹刻画，勾心斗角，徒耗心神，尤于身体有损。

近来时事日坏，都由人才不佳。人才之少，由于专心做时下科名之学者多，留心本原之学者少。且人生精力有限，尽用之科名之学，到一旦大事当前，心神耗尽，胆气②薄弱，反不如乡里粗才尚能集事③，尚有担当。试看近时人才有一从八股出身者否？八股愈做得入格④，人才愈见庸下。此我阅历有得之言，非好骂时下自命为文人学士者也。

读书要循序渐进，熟读深思，务在从容涵泳⑤以博其义理之趣，不可只做苟且草率工夫，所以养心者在此，所以养身者在此。府试⑥、院试⑦如尚未过，即不必与试。我不望尔成个世俗之名，只要尔读书明理，将来做一个好秀才，即是大幸。军中事多，不及详示。因尔信如此，故略言之。

李贵不耐劳苦，来营徒多一累。其人不能学好，留之家中亦断不可。我写信与郭二叔，求他转荐地方可也。家中大小事件亦宜留意，家有长子曰"家督"，尔责非轻。长一岁年纪，须增一岁志气，须去尽童心为要。

辛酉正月二日四更梅源桥行营

| 今译 |

读书可以令人心旷神怡，可以令人更加聪明智慧，这是文章中的内容和意义愉悦心灵所达到的效果。如果只会心不在焉地诵读而没有什么心得，像和尚念经一般，不但完全失去了读书的乐趣，况且坐久了有碍血脉流通，诵读时间过长则耗费精气神，对身体也会有损伤。如果读书时只是模仿当下流行的腔调而不去探求义理，那么就像戏子演戏一样，虽然在台上表演的是忠臣孝子，走下台来，却依然是一个不通文理的粗人。况且（像唱戏一样读书）只是在模仿刻画，用尽心机，这样只会白白耗费心神，更加伤害身体。

近年来，时局越来越衰败，都是由于人才不好的缘故。人才渐趋减少，是因为热衷于作时下流行八股文的人太多，而潜心钻研根本学问的人太少。人一生的精力有限，如果全用在博取科名的学问上，一旦面临国家大事，心思精力已经耗费殆尽，胆量气魄柔弱不堪，反而不及乡野间大字不识的粗人能成事、有担当。请看近来涌现的人才，有一个是从考科举做八股文出身的吗？八股文做得越合乎格式，人才越庸常。这是我多年来的切身感悟，并不是喜欢侮辱现在那些自命为文人学士的人。

读书一定要注意循序渐进，多读数遍后认真思考，必须在慢慢品味的基础上领悟义理所蕴含的意趣，不能只是敷衍了事，用来涵养心志的地方就在这里，用来保养身体的地方也在这里。府试、院试如果没有通过，就没必要参加科举考试了。我不指望你博得世人所看重的科名，只望你读书明理，将来做一个好秀才，便是人生的大幸。我军务繁忙，就不再细说。因为你的来信提到这些问题，所以在信中稍微多说几句。

李贵这个人不能吃苦耐劳，来到军营中也只是额外增加我的累赘。这个人不学好，留在家中也万万不行。我已经写信给郭二叔，让他帮忙推荐李贵到合适的地方去。家里的大小事情要多留意，家中的长子被称为"家督"，你的责任不轻。每长大一岁，必须增长一岁的志气，记住一定要去掉身上的孩子气。

| 简注 |

① 强固：强大巩固。

② 胆气：胆量和勇气。

③ 集事：成事，成功。

④ 入格：合乎格式。

⑤ 涵泳：陶冶、品味。

⑥ 府试：县试之后，由知府主持的科举考试。府试及格者称为"童生"，多

在四月份举行。

⑦ 院试：县试、府试之后，由学政主持在各省贡院内的科举考试。清朝的院试是每三年举行两次，由皇帝任命的学政到各地主考。辰、戌、丑、未年的称为岁试；寅、申、巳、亥年，称为科试。院试得到第一名的称为"案首"。通过院试的童生都被称为"生员"，俗称"秀才"，算是有了"功名"，进入士大夫阶层，有免除徭役、见知县不跪、不能随便用刑等特权。

| 实践要点 |

读书为明理，不为科名，是左宗棠教子的一个永恒主题。这封家书换了角度谈这个道理，侧重于讲"读书能令人心旷神怡，聪明强固"的"愉悦"。常言道"学海无涯苦作舟"，人们往往只看到求学之路的艰辛，以致不少未入门者顺从追求安逸的天性对读书望而却步。殊不知，遨游在思想和知识的海洋，是一件多么幸福的事情，不仅可以养心还可以养身，让人感觉是一种享受。书读得越多，对世事就越明白，胸襟也越宽广，心态也会越平和，非常有助于身心健康，所以说"开卷有益"。左宗棠是体会过这种快乐的，所以他愿与儿子共同分享这个观点。当今聪明的父母们，不妨告诉儿女"学海无涯乐作舟"，或从自己做起，少玩手机多读书；或坚持"亲子阅读"，共同领悟读书带来的快乐，子女将会爱上阅读并乐在其中。

与孝威（尔今年小试，原可不必）

阿霖阅之：

尔今年小试，原可不必，只要读书明理，讲求作人及经世有用之学，便是好儿子，不在科名也。

尔小楷①宜学帖，方有可观②。读书总要涵泳从容，不可图快潦草，切切！

二月三日

| 今译 |

你今年赴考，（在我看来）原本是不必要的，只要读书明理，学会如何做人以及多学经世致用的知识，便是我的好儿子，而不在于科举功名。

你的小楷应该临帖，才能达到比较高的水平。读书必须要慢慢细心品味，不能求快不仔细，切记！

① 小楷：小而端正整齐的楷书，这里是相对大楷而言。

② 可观：达到比较高的水平、程度。

| 实践要点 |

/

孝威想去参加科举考试，左宗棠一直不鼓励，这封家书明确说了"原可不必"。他的理由至少有三：其一，读书是为了明理、做人和讲求经世有用之学，不在科名。其二，你现在的水平还不够，没有达到参加考试的程度。其三，路上和准备前后要花费很多时间，还不如抓紧这段学习的黄金岁月多读点书。他生活在科举时代，能够对科举有这样清醒的认识，确实具有不同流俗的见识。试看当今父母和学校对待中考、高考的态度，是否太强调分数、名次的意义了呢？

与孝威（家中除尔母药饵、先生饮馔之外，一切均从简省，断不可浪用）

孝威知之：

尔母脚气虽愈，然频年①必数次举发②，近时举发更勤。衰老之年气血虚耗③，非药饵扶之不可。上年④我东行时，以四百金留之家中，除付二百金交翔冈办劈山炮，所存仅二百金。自为尔完婚后，此二百金必已用尽无存。前信托黄南坡代挪二百金付家中，备尔母药饵及先生岁脩⑤之用。嗣有信属尔勿往取，即南坡送来亦不可受，当速还之，千万千万。家中缺用，可于少云处通挪，候我寄还。如少云处有银可借，暂借二百金，庶药饵不可缺，病可速痊。邹君方既已见效，每日一贴，不可间断。此尔与新妇事也。每岁我于薪水中存二百金为宁家⑥课子之费，上年曾见之公牍⑦，不可多取欺人。家中除尔母药饵、先生饮馔⑧外，一切均从简省，断不可浪用，致失寒素之风，启汰侈⑨之渐。惜福之道，保家之道也。

今译

你母亲的脚气病虽然好了，但必定还会连年发作，最近发作得更加频繁。人到老年，气血耗损较多，一定要靠药品调补才行。去年我离开湖南东往浙江之时，家中留下四百两银子，其中两百两银子交付给吴国佐（字翔冈）置办劈山炮，剩下的只有二百两。我估计自从你举办婚礼以来，这两百两银子必定也用完了。前面写信告知你们我已经委托黄冕（字南坡）代我暂借二百两银子送往家中，是专门为你母亲买药和支付老师的酬金所准备的。不久后，我又写信嘱咐你们不要去取用这笔银子，即便是南坡亲自送来，你们也千万不能接受，应该马上还给他，务必要记住此事。

如果家中开销不够，可以从陶桄（字少云）那儿通融挪借，等我日后寄还给他。如果少云那里有银子可借，暂时就借二百两，你母亲养病的药不能停，这样病才能尽快得到治愈。邹君开的药方既然已经见效，那么每天按药方吃药，不能间断。这些事情就交给你和你刚进门的媳妇了。我每年从薪水中支取二百两银子，以供家庭开销及你们的教育学习费用，去年在公文中已写明，绝不能多取用欺骗他人。家里除了你母亲买药、先生吃喝的食物之外，一切其他开销都应该节俭，绝对不可以浪费，以至于丢失寒门之家朴素的生活作风，形成过分奢侈的不良习气。这是惜福之道，也是保持家族昌盛繁荣之道。

／

① 频年：连年。

② 举发：病情发作。

③ 虚耗：耗损。

④ 上年：去年。

⑤ 岁脩（xiū）：旧时指教学的酬金。

⑥ 宁家：安家、治家。

⑦ 公牍（dú）：公文。

⑧ 饮馔（zhuàn）：指吃喝的食物，多指美食。

⑨ 汰侈（tài chǐ）：过分奢侈。

| 实践要点 |

／

　　左宗棠一大家子有两位夫人和四个女儿四个儿子，一年的生活费用被控制在二百两银子内，标准就是最低消费水平。加上周夫人本来体质就不好，现在的病情越来越严重，药品和滋补的费用越来越高，家庭开支更加捉襟见肘，孝威当这个家的困难显而易见。原来说好的从黄冕那里暂时挪借二百两，专款专用于为周夫人买药和支付老师的酬金，后来左宗棠想到万万不能挪用公款，避免开启一个不好的先例，所以随即否决了这个方案。只好要孝威从大女婿陶桄那里借二百两以解燃眉之急。能否考虑每年多寄点钱回家呢？左宗棠说这个二百两的标准"上年曾见之公牍，不可多取欺人"，大丈夫说到做到，这个标准是去年在公文里向上级和同僚都已经表明了的，不能马上就提高标准，以免表现得言行不一。为了惜福和保家之道，他通过自己带头俭朴、主动让外界监督和控制家庭花费总额来敦促家人培养寒素之风和断绝奢侈之习，以此锤炼儿女们的修身持家之法，可谓煞费苦心。当然，药物的花费和延请老师的费用，属于特殊情况，是可以另行考虑的。

> 阅尔屡次来禀，字画均欠端秀[①]，昨次字尤潦草不堪[②]，意近来读书少静、专两字工夫，故形于心画者如此，可随取古帖细心学之。年已十六，所学能否如古人百一，试自考而自策[③]之。
>
> 古人云："少时不学老时悔。"此语可常玩味，勿虚掷韶光为要。读书不为科名，然八股、试帖[④]、小楷亦初学必由之道[⑤]，岂有读书人家子弟八股、试帖、小楷事事不如人而得为佳子弟者？勉之勉之！毋使我分心忧尔。
>
> 五月十二夜（父字）景镇大营

| 今译 |

╱

看到你近来写给我的信，写字笔画都不够端庄秀丽，昨天寄来的字尤其潦草得看不下去，我觉得你最近读书没有在静心、专注这两个字上下工夫，因此表露在写字笔画当中是这样子，你可以随时临摹古人字帖细心体会学习。现在你已经十六岁，所学到的是否有古人的百分之一，你试着自测一下以此自我激励吧。

古人常说："年轻时候不努力学习，到老了就会后悔。"这句话你要时常体味，切记不要浪费光阴。读书固然不是为了科举功名，不是为了功名利禄，但八股文、试帖诗、小楷字也是初学者的必经之道，哪里有读书人家子弟的八股文、试帖诗、小楷字样样都不如别人而能称得上优秀子弟的呢？你得努力再努力，不要让我费心替你担忧。

| 简注 |

① 端秀：端庄秀丽。

② 不堪：形容状况很差，表示程度深。

③ 策：激励，促进。

④ 试帖：科举时代所作的诗，多用古人诗句命题，冠以"赋得"二字。其诗或五言、七言，或八韵、六韵，在诗中自成一体，称为"试帖"。

⑤ 必由之道：必定要经过的道路、地方，意指必须遵循的规律或必须经历的过程。

| 实践要点 |

虽然读书不是为了科举功名，但是八股文、试帖诗、小楷字这些基础是必须

打好的。他认为，学好八股文、试帖诗、小楷字是读书明理的必然规律，学不好这些自然就不能读书明理。这种认识虽然有一定的局限性，但是给我们的启示在于：学习不是为了拿高分、考好名次，而是通过考试来检验掌握知识的能力和熟练程度，因此每门功课都有其合理性，必须认真对待，培养良好的学习习惯。

与周夫人（《小学》《女诫》可令诸姊勤为讲明也）

筠心夫人：

近好！久未得卿^①手书，知脚气^②尚未复元。衰老之年气血虚耗，饮食药饵须随时调补，勿过节省，以贻我忧。

霖儿娶妇后渐有成人之度否？读书不必急求进功，只要有恒无间，养得此心纯一^③专静，自然所学日进耳。新妇性质^④何如？"教妇初来^⑤"，须令其多识道理。为家门久远计，《小学》《女诫》^⑥可令诸姊勤为讲明也。

五月十三日（季高字）

今译

最近好吧！很久没有收到夫人的信，知道你的脚气病还未恢复。人年纪大了气血耗损，饮食和药物必须随时调养补充，不要太节省，以免让我为你担心。

霖儿（孝威）娶妻后慢慢有成年人的仪态了吗？读书不要心急求快，只要持之以恒不间断，培养自己的心灵精纯不杂、专注安静，学识自然而然每天都能进步。新媳妇的禀性气质怎么样？"教导媳妇要从刚刚嫁过来的时候开始"，要让她多明白持家的道理。为家族长远发展考虑，可以让孝威的姐姐们多为她讲授《小学》《女诫》等典籍。

简注

① 卿：丈夫对妻子的亲热称呼。

② 脚气：古代称"缓风"，最早见于隋代巢元方的《诸病源候论》中。中医认为脚气是由外感湿邪病毒，或饮食厚味所伤，积湿生热，流注于脚而成。具体表现是腿脚麻木、酸痛、软弱无力，或挛急肿胀等。古代还把脚气详细地分为干脚气、湿脚气和脚气冲心等多种证型，在孙思邈的《千金方》和王焘的《外台秘要》中都有记载。

③ 纯一：精纯不杂。

④ 性质：禀性气质。

⑤ 教妇初来：来自于俗谚："教妇初来，教儿婴孩"，意思是教导媳妇要从初嫁过来开始，教育孩子则要从婴幼时期着手。

⑥《女诫》：东汉班昭所作，分为卑弱、夫妇、敬慎、妇行、专心、曲从和叔妹七篇，全文一千六百余字，体现了班超对妇女的言行、地位以及做人道理等方面的看法和态度，近两千年来被奉为女教圣典。

短短一封信，讲了三层意思。一是十分牵挂夫人的病情，劝她不要节省。这不同于平时对子女和自己的俭朴要求，是怕夫人节省惯了而影响调养身体，可见夫妻恩爱。二是再次明确对孝威读书不要心急求快的期望，言下之意是希望夫人在家督促儿子持之以恒注重养心。三是特别关注新媳妇的禀性气质，认为这关系到家族长远发展。要夫人组织姐姐们为她多讲解《小学》《女诫》，营造家庭成员共同学习的氛围，其乐融融，有助于新媳妇尽快融入这个大家庭，可见他十分重视对家庭女性成员的教育。此信纸短情长、言简意赅，堪为夫妻家书的典范。不过，对于《小学》《女诫》的内容，我们需要合理吸收。

与周夫人（世事日艰，责寄日重）

筠心淑人清览：

军事一切详咨稿①中，阅之便悉②。世事日艰，责寄③将日重，亦无所容其畏却④，只合⑤索性⑥干去，尽吾心力所得为而为之而已。

润儿未聘妇是我一心事。余明珊表兄之女闻甚明慧⑦，且我母之内侄孙女。我已与明珊兄说明，伊⑧亦欣然，俟⑨渠⑩下半年归家再定庚⑪也。

| 今译 |

军中所有情况都在文书底稿中详细记载，你看完就清楚了。世上的事情越来越艰难，我肩上的责任将会越来越重，我也没有什么可害怕后退的，只当干脆放开手脚去做，倾尽我所有心力做那些我能够做的事情罢了。

润儿（孝宽）还没有订婚娶亲，是我的一件心事。余明珊表兄的女儿，听说十分聪明，而且是我母亲的内侄孙女。我已经向明珊兄讲清楚（这个愿望），他也欣然应允，等他下半年回家再定庚。

① 咨稿：文书底稿。

② 悉：很清楚地知道。

③ 寄：托付。

④ 畏却：害怕后退。畏，怕。却，后退，退缩。

⑤ 只合：只该、只当。

⑥ 索性：直截了当，干脆。

⑦ 明慧：聪明。

⑧ 伊：第三人称代词。

⑨ 俟：等待。

⑩ 渠：他，指第三人称。

⑪ 定庚：传统婚礼礼仪之一。父母将儿女生辰八字写于红纸内，由媒人转交对方，称"换庚"或"发红庚"。如合庚顺利，则互送信物，称"定庚"。

| 实践要点 |

左宗棠与周夫人之间不仅仅只谈论家庭事务，很多时候还会涉及时政军务。他的文书底稿都会寄回家，让家人有所了解。周夫人一直都支持他，多亏了这位

贤内助，他才能专心国事。此封家书表明了他面对时局日艰的勇于任事，表现出毫不退缩的大丈夫气概。在治国平天下的同时，他还挂念孝宽的婚事，为儿子选了一门亲事。他不重门第重品行的标准是可取的，但近亲结婚的想法不可取，不过当时社会都还没有这种科学意识，近亲联姻的不少，也不必苛求他。

家中事有卿在，我可不管。惟乱世日甚，恐居城居乡均无善策①耳。艾侄可无须来营。周庆如不吸烟，可令其前来。李贵仍告假归，我荐往唐蓣州②太守处，此后可不必理他也。

（此问近好，不一。）

（季高字）

| 今译 |

/

家中的大小事情有夫人在，我可以不用操心。只是世道越来越乱，恐怕无论是住在城里还是避居乡下都没有（保证安全的）高明办法。艾侄暂时可不必来我军营。周庆如果不抽烟，倒是可让他来军中做点事情。李贵还是告假回家，我已经推荐他去唐逢辰太守那里，今后你可以不要再操心他了。

① 善策：高明的办法。

② 唐蓣州：唐逢辰，字芳行，号蓣州，江西万载鹅峰人。幼年随父在陕西学习吏事，后捐钱买官，任湘潭县县丞，并以政绩卓异升耒阳县知县。时任湖南巡抚骆秉章很欣赏唐逢辰清廉而有信，调他到湘乡任职，督办团练，扼守湘乡。湘乡团练的名声一时鹊起，同治元年（1862）兼代知澧州。以后又升为衡州府知府，死于任上，曾国藩曾为他写传和墓志铭。

| 实践要点 |

时局巨变，普通百姓之家的生活越来越窘迫，于是想方设法投奔发达的亲戚朋友以谋差使。左宗棠就经常遇到这种人情，为安置这样的亲戚而苦恼。相比于李鸿章的淮军，可以看出左宗棠治军治吏公正无私，任人唯贤，对族中子弟或亲戚朋友一视同仁，甚至要求更加严格，因此颇有清名。

与孝威（潦草即是不敬，虽小节必宜慎之）

霖儿知之：

　　家中所寄各书物均收到。周品恒赍送①御赏②各件回湘，附寄一信，想已收到。尔母脚气渐痊，甚为欣慰。然暑月服峻剂③，未知是否相安也。

　　新妇名家子，性情气质既佳，自易教诲。但尔幼年受室④，于处室之道毫无所知，恐未知所以教也。孟子曰："身不行，道不行于妻子。"修身为齐家之本，可不勉哉！

　　读书先须明理，非循序渐进、熟读深思不能有所开悟⑤。尔从前读书只是一味⑥草率⑦，故穷年伏案而进境⑧殊少。即如写字，下笔时要如何详审⑨方免谬误。昨来字，醴陵之"醴"写作"澧"，何必之"必"写作"心"，岂不可笑？年已十六，所诣如此，吾为尔惭。

　　行书点画⑩不可信手乱来，既未学写，则端正作楷亦是藏拙⑪之道，何为如此潦草取厌⑫？尔笔资⑬原不差，从前写九宫格⑭亦颇端秀，乃⑮小楷全无长进，间架⑯笔法⑰全似未曾学书之人，殊可怪也。直行要整，横行要密，今后切宜留心。每日取小楷帖摹写三百字，一字要看清点画间架，务求宛肖⑱乃止。如果百日不间断，必有可观。程子做字最详审，云"即此是敬"，是一艺之微亦未可忽也。潦草即是不敬，虽小节⑲必宜慎之。

六月廿三夜（父谕）

家中寄来的书信及各种东西都已经收到。周品恒持送朝廷赏赐的物件回湖南，顺带一封家书，想必你们已经收到。你母亲的脚气病渐渐好了，我感到很欣慰。但是，大热天服用猛烈的药剂，不知道是否没有冲突。

你的妻子出身名门，性情气质既然很好，自然容易接受教诲。但你年纪不大即已结婚，对于夫妻相处之道一点都不知晓，恐怕不知道怎样去教导（妻子）。孟子说："自己不遵道而行，那么要求妻子儿女遵道而行也是不可能的。"修身是齐家的根本，（你）能够不努力吗！

读书在于明理，如不能循序渐进、细细揣摩书中的义理和深层次的意思就不能开通觉悟。你以前读书总是不细致，所以虽然长年伏案读书但学业进步很小。比如写字，下笔的时候要怎样周密谨慎才能避免错误。上封信中，你将醴陵的"醴"写成"澧"，何必之的"必"写成"心"，这种粗心大意的行为，难道不可笑吗？你已经十六岁了，学业所到达的程度还是这个样子，我为你感到羞愧。

行书的点、横、直、撇等笔画，切记不可随意乱写，既然还没有学写（行书），那么认真写楷书也是藏拙的办法，为什么要这样马虎令人厌烦呢？你写字的天资原本不差，以前用九宫格纸临帖也写得端正秀丽，小楷却毫无长进，结构和用笔的方法完全像从来没有学过书法的人，真是让我感到奇怪。竖行的字要整齐有序，横排的字间隙要匀密，以后写字务必要注意。每天用小楷的帖子临摹三百个字，每个字都要看清笔画和结构，必须临摹得逼真才行。如果能坚持百天不间断，一定会达到比较高的水平。程颢写字最为周密且审慎，说"这就是敬"，虽然是微小的技能也不能忽视。马虎就是不敬，虽然是细微琐碎的事情也要谨慎对待。

| 简注 |

①　赍（jī）送：持送，遣送。

②　御赏：对朝廷或君主所赏赐的物件的敬称。

③　峻剂：猛烈的药剂。

④　受室：娶妻。

⑤ 开悟：开通觉悟。

⑥ 一味：总是，一直。

⑦ 草率：马虎，不细致，粗略。

⑧ 进境：学业进步的情况。

⑨ 详审：周密且审慎。

⑩ 点画：指汉字的点、横、直、撇等笔画。

⑪ 藏拙：掩蔽拙劣的意见、技能等，不显示披露。

⑫ 取厌：招致别人讨厌，令人厌烦。取，得到，招致。

⑬ 笔资：写字的天资、天分。

⑭ 九宫格：临帖所用的界格纸。每一大格用"井"字形划分为九小格，以便于临摹时对照本字形、掌握点划部位。另外有田字格、米字格等，功用相当。

⑮ 乃：却。

⑯ 间架：汉字的笔画结构。

⑰ 笔法：写字作画时用笔的方法。

⑱ 宛肖：逼真，极像。

⑲ 小节：细微琐碎的事情或行为。

| **实践要点** |

古人常说"书如心画""字如其人"，写字时心境是否平和，态度是否专注，都会在字里行间表现出来，是心性修养的外在表现。《道德经》说"天下大事必

作于细",杜甫诗曰"始知豪放在精微",书法的起笔收笔处可培养我们注意细微之处的好习惯。程颢说"即此是敬",左宗棠也说"潦草即是不敬,虽小节必宜慎之",写字就要在"敬"字上下功夫,从一笔一画中磨炼心性,始终如一地谨慎对待笔法结构。而今天父母要孩子学习书法,大多是为考级或参赛,常常希望通过一张证书来显示才能,而对书法的文化内涵似乎不愿多去领悟,当令人深思。

与孝威（谈兵燹之酷，接仗不过如入场就试耳）

孝威览之：

　　婺源①为朱子阙里②，夙称文献之邦③。近八九年，贼往来二十余次，无诵言④守城者。遗黎⑤皮骨仅存，皇问典籍？士风荏弱⑥，民气不竞⑦。居万山之中，无隔宵之储，惟恃籴米⑧作炊，商船一日不至即忧饥饿。而饶富之家所在多有⑨。盖徽郡山多田少，商多农少，自昔已然。频年遭贼蹂躏⑩，水贩时梗，常有手握金珠而饿死者，可悲也。

　　吾湘在东南最为福地，尔辈未经兵燹之酷，直不知人世间危险困苦有非言语所能尽者，故略为尔道之。

| 今译 |

/

　　婺源是朱熹的家乡，素有文献之邦的美称。但最近八九年来，贼寇入侵二十多次，却没有说要守住城池的。战后的老百姓瘦弱得只剩下皮包骨，哪里还能去追问那些儒家经典（是否保存了）？士大夫的风气柔弱不堪，民众表现出来的意志和气势不强劲。老百姓居住在万山丛中，却没有储存隔夜的粮食，全等着买米下锅做饭，商船一天不来就有挨饿的危险。然而这里富有的人家到处都是。因为徽州古郡山多田少，经商的多务农的少，自古以来就是这样。近些年多次遭到贼寇的践踏，水路上的商贩常常被阻隔，（因此）常常有手里拿着金银珠宝却活活被饿死的人，可悲啊。

我们湖南在东南地区算是一块最好的福地了，你们这辈没有经历过兵灾战祸的残酷，不能体会世界上有很多艰险困苦是无法用语言表达的，所以我在这里略微跟你们说说。

| 简注 |

① 婺（wù）源：今江西婺源。

② 阙里：原意是指孔子居住的地方，这里借指家乡、故乡。

③ 文献之邦：指盛产具有历史价值的典籍和文化名人的地方。

④ 诵言：公正或公开地说话。

⑤ 遗黎：亡国之民、沦陷区的人民、劫后残留的百姓。

⑥ 荏（rěn）弱：柔弱。

⑦ 民气不竞：民众表现出来的意志和气势不强劲。不竞，不强，不强劲。

⑧ 籴（dí）米：买米。

⑨ 所在多有：指某类事情或现象到处都有，而且很多。所在，处处，到处。

⑩ 蹂躏：践踏，比喻用暴力欺压、侵凌。

徽州婺源是朱熹故里，是诗书礼仪之乡，在兵荒马乱中却士风柔弱，民气不振，惨遭蹂躏，不忍目睹，这也是战乱中许多深受儒家文化影响地区的缩影。在家书中谈及这些现象，一方面是为了扩充在家子女的见识，希望他们更加珍惜在家乡平静读书的时光；另一方面也希望子女们面对战乱频频的时世进一步思考如何才能安身立命，而不能死读书，暗含要培养刚强作风的用意，希望子女们不要成为"平时袖手谈心性，临危以死报君王"的空谈家。

军士病者既多，又秋高①鹰起之时，当有数恶仗，不得不增募数营以厚其势。涤帅函牍每以此为言，且恐不久或有人入浙、入吴之议也。因饷欠太久，不欲遽行召集。今姑遣余都司萃隆归，与彭定太（数次信来，请调若农观察，昨又为言之）各募三百七十人，为新前、新后两总哨。涤帅为我调刘兰洲之五百，又魏喻义亦可调来，合计当不下万人，可以战矣。

用兵最贵节制②精明，临阵胜负只争一刻工夫。譬如在家读书、作诗文、习字是平时治军要紧工夫，而接仗不过如入场就试耳。得失虽在一日，而本领长短却在平时。果于"节制"二字实有几分可恃，临阵复出以小心，则事无不济。惜乃公精力渐衰，说得出做不尽也。

七月十一日婺源军中（谕）

| 今译 |

军队中生病的士兵很多，又到了秋高气爽老鹰飞起的时候，眼下应该有好几场恶仗要打，因此不得不招募一些将士充实军营。涤帅（曾国藩）每次给我的公文信札中都提到这些大事，恐怕不久的将来有人提出（要我）去浙江、江苏的建议呢。但是，目前因亏欠粮饷太久，我不想急迫地扩充军队。现今，我已派遣佘萃隆都司回湘，与彭定太（他多次来信，请求调来王若农观察，在昨天的信中又提到了这件事）分别募集三百七十人，为新兵的前、后两个总哨。涤帅为我从刘兰洲处调兵五百，又将魏喻义调派给我，现今合计不少于一万人，可以作战了。

带兵打仗贵在节度法制的精细明察，战场上的胜负往往就在极短时间。比如你在家读书、学写诗文、练字等就是平时我严谨治军的关键地方，而打仗不过就像参加会试罢了。得失胜负虽然在短短一天即见分晓，而本领的多少完全取决于平时的艰辛努力。如果平时在"节制"二字上苦下功夫，临阵出战时加上小心谨慎，那么所有事情就没有不成功的。可惜你的父亲渐渐年老，精力大不如从前，虽能够想得到和说得出这些道理，却未必能一一做到。

① 秋高：秋日天空澄澈、高爽。

② 节制：节度法制。亦指严整有规律。

| 实践要点 |

练兵打仗与读书应考的原理相通。俗话说："养兵千日，用兵一时。"寒窗苦读的结果也在短时间的考试中见分晓，平时功夫用得深，临阵时自然得心应手。作为父亲，虽身处戎马关山，仍念念心系儿子的学业是否精进。

与孝威（无论是何贴，细心学之，自有长进）

孝威览之：

　　尔年已十六，须知立志作好人。"读书在穷理，作事须有恒。"两语可时时记之勿忘。尔能立志作好人，弟辈自当效法，我可免一番挂念矣。少云已回小淹① 未？前书交佘都司带来，恐到尚在此书之后。

　　尔小楷全无端秀之气，又横行太稀，尚不如从前之好，须急取家中所有小楷帖（无论是何贴，细心学之，自有长进，即欧书《姚恭公墓志》② 亦好），每日摹写数百字，乃有长进，断不可悠忽从事。切切。

　　　　　　　　　　　　　　　七月十五夜（父字）

│ 今译 │

　　你今年已经十六岁，必须要立志做一个优秀的人。"读书在于穷尽事物之间的奥妙与道理，做事情必须持之以恒。"这两句话，你要常常记在心上不能忘记。如果你能立志做一个优秀的人，那弟弟们自然会向你学习，也可让我放下心来。

少云是否已经回到安化小淹？前面有一封家书交给佘（萃隆）都司带来，可能要在这封书信之后才能抵达。

近来你的小楷完全没有端庄秀丽的气质，横行之间又距离太远，还比不上以前写得好，你要赶快找出家里所有小楷字帖（无论是哪一种字帖，仔细钻研临摹，自然能取得进步，像欧阳询的《姚恭公墓志》也好），每天临摹数百字，慢慢就会有进步，绝对不能闲游虚度时光。一定要记住。

| 简注 |

① 小淹：地名，位于湖南安化东北部。两江总督陶澍的家乡。

②《姚恭公墓志》：唐朝大书法家欧阳询书写的一篇墓志，虞世基撰，寸楷三十二行，行四十二字。

| 实践要点 |

读书写字如逆水行舟，不进则退；做事情有耐力有恒心，人生才能有所成就。孝威的小楷似乎不如以前写得好了，他嘱咐孝威遍览家中书帖，每天坚持临摹数百字，持之以恒细心体会，定当有所进步。

与孝威（写字看人终身，切宜深自敛抑）

字谕霖儿知之：

尔在家读书须潜心玩索①，勿务外②为要。小楷须寻古帖摹写，力求端秀，下笔不可稍涉草率。行书③有一定写法，不可乱写，未尝学习即不必写，亦藏拙之一道也。程子云"即此是敬"，老辈云"写字看人终身"，不可不知。

| 今译 |

你在家读书写字，应该沉下心来仔细体味，不要在外游荡不守本分。小楷要找古人的书帖来临摹，力求写得端庄秀丽，一笔一画切忌潦草了事。行书有一定的写法，不可乱写，如果还没有学习行书暂时就不要写，也是掩饰自己水平不够的一个办法。程颢说"这就是敬"，老一辈说"通过一个人写字可以看出他的一生"，你不能不知道这些说法。

① 玩索：体味探求。

② 务外：在外游荡，不理家务。指不守本分。

③ 行书：汉字字体，形体和笔势介于草书和楷书之间。

| 实践要点 |

《弟子规》说："墨磨偏，心不端。字不敬，心先病。"我们读书写字要有虔诚之心和敬重之心，唯有如此才能领略读书写字的妙处。所谓"写字看人终身"，指通过书法可以看出书写者在专注力、耐力、观察力、学养、审美等性格和气质方面的特征，从而可以对他做出一个基本判断，所以中国传统家教中十分重视书法教育。

> 　　翔冈处已有信与之，且约其来，能抑其矜躁①之气，虚心求是，未尝不可有为。炮价及招夫之费记只欠数金耳，尔可向其询明，如须百两以外，当由此间觅便寄还。盐厘局尚少数十金，亦须问明成静斋②先生，以便还之，无使受累。
> 　　王兴已来营，勉收之，但无用也。交趾桂③已送一

枝与胡咏翁，附寄一枝交杨麓生④带归矣。毛中丞⑤待我最厚，闻曾于奏中声叙⑥在幕中事，意在为正人吐气⑦耳。其用心可敬如此，尔等何从知之？

近奉冲圣⑧寄谕⑨，我与涤公均平列⑩，以后事任益重，不知所为报。尔等在家切宜深自敛抑，不可稍染膏粱子弟恶习，以重我咎⑪。切切。

九月初三广信大营

/

翔冈那里有我给你顺便寄来的家信，我已经约他到我处谋求一份差事，如果他能收敛矜夸躁急的气质，虚心求真，并非不能有一番作为。我记得炮价和招募民夫的费用只差数两银子，你可以详细问清楚，如果所需费用超过百两，我会从军中想办法，给你寄过来。盐厘局还差数十两，你也要向成静斋（果道）先生问清楚，好及时归还，不要让他为这件事劳神费力。

王兴已经来到军营，勉强收留了他，但派不上用场。交趾桂已经送了一支给胡林翼，我另外寄了一支，托付杨麓生带回去。毛鸿宾中丞最为看重我，听说他在上书朝廷的奏章中明白陈述了以前我当幕僚时的一些事情，意在替正直之人抒发心中愤懑郁结的情绪。他的用心十分令我敬佩，你们又怎么能体会得到呢？

在最近传递过来的幼主谕旨中，我与涤公曾国藩平行排列，以后肩上的责任更加重大，不知道如何才能报答君恩。你们在家一定要更加收敛，谨慎行事，切不可稍微沾染纨绔子弟的恶习，从而加重我的过失。切记切记。

丨 简注 丨

① 矜躁：矜夸躁急，骄傲自大的浮躁之气。

② 成静斋：成果道，字静斋，湖南湘乡人，后任内阁候补中书，主讲石鼓书院。

③ 交趾桂：肉桂的一种，中药材，越南产的最佳。

④ 杨麓生：杨彤寿，字麓生，湖南长沙人，以军功官广西，勤政积德，惠及县民。

⑤ 毛中丞：时任湖南巡抚毛鸿宾，字寅庵，又字翊云、寄云，号菊隐。山东历城人。历官御史、给事中，署湖南巡抚，两广总督。咸丰三年（1853）回籍办团练，后在湖南抗击太平军，用兵广东英德。同治七年卒。他曾上疏咸丰帝："如左宗棠识略过人，其才力不在曾国藩、胡林翼之下，今但使之带勇，殊不足以尽其长，倘畀以封疆重任，必能保境安民，兼顾大局。"后来左宗棠被重用，主要得力于曾国藩的推荐，但毛氏推荐之功也不可否定。"中丞"是清朝对巡抚的尊称，巡抚（从二品）是仅次于总督的封疆大吏，同时还兼任都察院右副都御史一职，这个职务相当于古代的"御史中丞"，所以被尊称为"中丞"。

⑥ 声叙：明白陈述。

⑦ 吐气：抒发心中愤懑郁结的情绪。

⑧ 冲圣：年幼的君主。

⑨ 寄谕：所传递的皇帝的谕旨。

⑩ 平列：平行排列；放在平等位置上。

⑪ 咎：过失，罪过。

实践要点

随着孝威日渐成年，左宗棠对儿子的教育，不仅仅只局限在日常家庭生活上，还增加了更加宽广的社会生活内容。他将道德培养与生活中处理实际事务的能力紧密结合，以求知行合一。比如，左宗棠将军中的一些后勤债务来往，让孝威了解，并适度参与。这不仅是为了拓展儿子的视野，更是把握与人沟通、交流、学习的机会，更是让他切身体会到父亲重任在肩的责任感，也激发孝威的社会责任感。年少时所树立的崇高理想和不断修养的博大胸襟，不正都是为了服务社会，以天下百姓饥溺为怀吗？

他特别指出毛鸿宾中丞上书为他辩护一事，是希望儿子一来体会父辈忧国忧家的苦心，二来学会正确识人断事。至于朝廷将他与曾国藩有意并列，他不仅没有多少喜悦，反而深感责任重大，想到的是唯有殚精竭虑，报效国家和天下百姓。同时，他再次要求家中子女"深自敛抑，不可稍染膏粱子弟恶习"，担心家族盛极必衰，表现了他身处顺境时的忧患意识。

与孝威（当翻刻《小学》《孝经》《四书》《近思录》四种以惠吾湘士人）

霖儿知之：

尔在家专意读书为要。当涂夏弢甫^①先生炘（颖州教授）赠我《小学》《孝经》《近思录》《四书》四种，刻本^②极精；又送尔曹^③龙尾研^④四枚，亦非易得之物。吾于屯军乐平段家^⑤时，无意中得东坡书手卷一轴，元明人题跋^⑥颇多，极可爱玩；又石奄^⑦先生手书^⑧一册，皆至宝。今以与尔曹，好为藏之。若我治军之暇尚有余力，当翻刻^⑨《小学》《孝经》《四书》《近思录》四种以惠^⑩吾湘士人。尔曹学业稍进，能供校刊之役则尤幸甚。

十月廿三日（父谕）

| 今译 |

你在家时，专心读书最为重要。当涂县的夏弢甫（夏炘）先生——（安徽）颖州府的学官——送给我《小学》《孝经》《近思录》《四书》的雕刻版本，十分精

美；他还另外赠送你们龙尾砚四枚，都是不容易得到的东西。我在江西乐平段家村驻扎军队时，无意中得到苏东坡亲笔写的书信一卷，上面有元代、明代人题写的跋，我很喜欢经常拿出来品鉴赏玩；还有石奄先生亲笔书信一册，都是无价之宝。现在都寄给你们，一定要好好保管。我带兵打仗之外若还有多余的精力，打算翻印《小学》《孝经》《四书》《近思录》这四种儒家典籍，用以惠泽我们湖湘读书人。如果你们的学识稍微有点进步，能做些校对或排版的事情，那就更好了。

│ 简注 │

／

① 弢甫：夏炘（xīn），字心伯，号弢甫，清安徽当涂人。道光乙酉举人，先后官吴江、婺源教谕，因功保升内阁中书四品卿衔。其学兼宗汉宋，精于《诗》《礼》。

② 刻本：雕板印成的书籍，如宋刻本、元刻本。

③ 尔曹：代词，汝辈，你们。

④ 龙尾研：即歙砚，歙砚产地以婺源与歙县交界处的龙尾山（罗纹山）下溪涧为最优，所以歙砚又称龙尾砚。研，通"砚"。

⑤ 乐平段家：今江西省乐平市段家村。

⑥ 题跋（tí bá）：写在书籍、碑帖、字画等前面的文字叫作题，写在后面的叫作跋，总称题跋。

⑦ 石奄：即石庵。刘墉，字崇如，号石庵，祖籍安徽砀山，出生于山东诸城。清朝政治家、书法家。

⑧ 手书：亲笔写的书信。

⑨ 翻刻：本指依原刻本影写而后上板重刻，后亦泛指翻印。

⑩ 惠：给人钱财或好处。

｜ 实践要点 ｜

／

左宗棠虽在战火纷飞中，仍怀读书人本色。他在军营中读书不辍，雅好名人书画，是由书生而领兵的儒将。他看到精美的古籍刻本和名人书画，不忘寄回家让子女品鉴，以此提高他们的修养。他一直都希望家中充满书香雅趣，让子女们腹有诗书气自华。他不仅在家里积极倡导和创造这样的氛围，而且在浙江、陕西、甘肃、新疆、福建的任上也留下很多兴教劝学的文化政绩，泽被后人，至今仍有迹可循，为人称道。

与孝威（读书可以养性，亦可养身）

霖儿知之：

尔体气颇弱，周身间有作胀①之时，是气血不足之证，须加意②保养，节③劳逸，慎起居④为要。读书可以养性，亦可养身。只要工夫有恒，不在追促也。

尔曹在家，当时念我军中艰苦万状，勉励学作好人，不可稍耽⑤逸乐⑥。至要至要！

腊月初一日（字）

彭、殇、渊、跖，均之一死，不过言贤愚寿夭同归于尽之意。

| 今译 |

/

你的体质比较虚弱，浑身有时气结腹胀，这是气血不足的症状，要特别注意保养，保持适度的劳苦与安逸，注意日常生活规律。读书可以陶冶心性，也可以保养身体。只要花心思持之以恒就行，不要急于求成。

你们在家中，应时刻想到我率军征战的万分艰辛，勉励自己做一个好子弟，不可有一点沉迷于安逸享乐中。切记，切记！

｜ 简注 ｜

① 作胀：病症名称，因思虑伤脾或肝气郁结，气血凝滞所致，导致气结腹胀。

② 加意：特别留意，非常留心。

③ 节：限制，省减。

④ 起居：指日常生活作息。

⑤ 耽：沉溺，入迷。

⑥ 逸乐：安逸享乐。

｜ 实践要点 ｜

心思专注于读书，能调节人的情绪与精神状态，保持身心协调，"读书可以养性，亦可养身"，诚非虚言。陆游晚年感叹"病须书卷作良医"，他寄情诗书活到八十五岁高龄。不过，左宗棠还是提醒体质偏弱的儿子，读书要持之以恒，无望于速成，切忌久坐苦读伤身。

同治元年

与孝威（尽瘁报国，望思父苦心）

孝威等知之：

许久不寄家信，亦未接尔等禀函，未知尔母近来体气何如，尔等均如常否。得仁先大叔及意城二叔信，知各家均无恙，二伯亦健适如常，心为稍释。然军事方殷①，实亦无片刻闲暇想及家事。

我一书生，蒙朝廷特达之知②，擢任③巡抚，危疆重寄，义无可诿④，惟有尽瘁图之，以求无负。其济则国家之幸，苍生之福，不济则一身当之而已。

尔等读书作人，能立志向上，思乃父之苦，体乃父之心，日慎一日，不至流于不肖⑤，则我无复牵挂矣。

三月初二日浙江常山县水南营次（谕）

| 今译 |

我很长时间没有给你们写信，也没有收到你们写给我的家书，不知道你母亲现在身体如何，你们是不是都一如既往地安好呢？得到郭嵩焘（仁先）大叔和郭崑焘（意城）二叔的来信，得知各家都平安，你二伯也和平常一样健康，便稍微放心了。可是军务正繁忙，实在没有片刻闲暇去考虑家事。

我是一介寒门书生，因为得到朝廷特殊的知遇之恩，被提拔任命为巡抚，在国家危急的情况下被委以重任，深感责任重大不可推卸，唯有鞠躬尽瘁，以求不辜负国家和百姓的重托。如果能够成功，则是国家的幸运，百姓的福气；如果不成功，就让我一个人承担罢了。

你们读书做人，能够立志向上，想到父亲戎马生涯的艰辛，体会父亲以天下为己任的苦心，一天比一天谨慎踏实，不至于成为品行不好且没有出息的子孙，那我就没有什么牵挂的了。

| 简注 |

① 方殷：正当剧盛之时。

② 特达之知：特殊的知遇之恩。

③ 擢（zhuó）任：提拔任用。

④ 诿：推脱。

⑤ 不肖：品行不好，没有出息。多用于子孙，如不肖子孙。

| 实践要点 |

面对爱国与爱家之间的冲突，左宗棠以离家千里南征北战的行动给出了明确的回答。家书的字里行间洋溢着以天下为己任的激昂正气，这是对子女的言传身教，将深深影响后辈的秉性气质和人生境界。同时，他又利用家书督促子女成长，希望他们体会父亲的艰辛与心情，发愤立志向上。家国情怀的培养，绝非一朝一夕之功，因此，父母应该带头爱国爱家，子女在耳濡目染后自然会深受影响。

与孝威（世事方艰，各宜努力学好）

孝威知悉：

　　浙江夙称饶富，今则膏腴①之地尽成荒脊。人民死于兵燹②，死于饥饿，死于疾疫，盖几靡有孑遗③。纵使迅速克复，亦非二三十年不能复元，真可痛也。

　　尔两试幸取前列，然未免占寒士④进取之路，须自忖⑤诗、文、字三者真比同试之人何如，不可因郡县刮目遂自谓本领胜于寒士也。院试过后又须赴乡试，过考日多，读书日少，殊为无谓。我欲尔等应考，不过欲尔等知此道辛苦，发愤读书。至科名一道，我生平⑥不以为重，亦不以此望尔等。况尔例得三品荫生⑦，如果立志读书，亦不患无进身之路也。世事方艰，各宜努力学好，为嘱。

　　五月十七日衢州云溪行营（谕）

| 今译 |

浙江地区一直都以富庶著称，如今这土地肥美、物产丰富的好地方却全都变

得荒凉贫瘠。老百姓或死于战乱，或死于饥饿，或死于瘟疫疾病，几乎没有幸存的。即使能够迅速收复，没有二三十年时间是绝不能恢复到原来的样子的，真是令人十分痛心。

你两次参加科举考试都有幸名列前茅，但不能不说是占据了寒门学子求取进步的道路，你要自己想想在诗歌、文章、书法三个方面真的比一同参加考试的人到底怎么样，不能因为郡县主考官的夸奖就自认为本领已经超过那些寒门学子了。院试之后又要准备参加乡试，通过考试的时间多，而真正沉下心思来读书的时间少，实际上没有什么意义。

我想要你们参加科举考试，原本不过是想要你们明白这条道路的艰辛，能够刻苦读书。至于能否考取功名，我有生以来并不看重这个，也不在这个方面对你们寄予厚望。况且（根据你父亲现有的三品职级），按照惯例你可以获得荫生，如果你立下志向读书，也不用担心没有晋升之路。时事越来越艰难，各方面都要努力学好样，特此嘱咐。

| **简注** |

① 膏腴：形容土地肥美。

② 兵燹（xiǎn）：战乱所造成的焚烧毁坏等灾害。

③ 孑（jié）遗：残留、独存。孑，遗留、剩余。《诗经·大雅·云汉》："周余黎民，靡有孑遗。"

④ 寒士：多指贫苦的读书人。

⑤ 自忖（cǔn）：暗自思考，暗自揣度。

⑥ 生平：有生以来，从出生到现在。

⑦ 荫生：按清制，文职京官四品以上，外官三品以上，武职二品以上，俱准送一子入国子监读书，称恩荫。入监读书的子弟称恩荫生，简称荫生。荫生名义上是入监读书，实际只须经过一次考试，即可给予一定官职。左宗棠当时以三品京堂候补帮办两江总督曾国藩军务，按照惯例孝威可获准成为荫生。

| 实践要点 |

左宗棠经常在家书中讲述外面的见闻和自己的看法，其出发点有三：一是可以让家中子女了解时政，不当"两耳不闻窗外事"的"书呆子"，扩充他们对社会的认识；二是分享自己的思考，展开平等交流，拉近两代人之间的距离，弥补不在子女身边的缺憾；其三，还可以让子女明白世事方艰，培养忧国忧民的胸怀，激发积学储才的紧迫感和责任感。其实他心中并非以科名为重，在此，他解释说，之所以同意他们参加科举考试，是为了让他们体会其中的艰辛，从而知道科举之路并不平坦。他还感叹赴考会浪费许多时间，希望儿子回头更加发愤读书。家书语言平实，向儿子推心置腹，说的都是心里话，无一句不是在激励儿子成为谦虚、正直、有志向、爱读书的有为之人。

与孝威（目睹浙民流离颠沛的惨状，无泪可挥一刻难安）

孝威知悉：

　　适封信间，得郭二叔信，知尔院试经古①亦获取列，甚为欣然。发愤读书，讲求正经学问，作一好秀才，亦足为家门之庆也②。

　　尔母近来病体何如？朱和哥回时曾带桑寄生③一包，已送到否？我近来身体如常，惟眼力大不如从前。目睹浙民流离颠沛之苦、疾役流行之惨、饥饿不堪之状，无泪可挥，真是一刻难安耳。

　　吴都司假归，顺寄今岁薪水银二百两以作家用，可樽节④用之。外万名伞一把、旗四树，并付。

　　　　　　　　　　　　　六月二十四夜云溪营中

| 今译 |

　　正在封装信件的时候，收到郭二叔（意城）的来信，得知你院试的经古考试也取得了不错的成绩，我很高兴。决心努力读书，追求正统学问，做一个好秀

才，也是家族的福泽。

你母亲的身体近来怎么样？朱和哥回家时带的一包桑寄生，已经收到了吗？我近来身体还和往常一样健康，只是视力比起从前衰退了许多。我亲眼看到浙江一带的老百姓饱受流离失所的痛苦、瘟疫等流行病的折磨、忍饥挨饿的悲惨，已经没有泪水可流了，真是一刻也不能安心。

吴都司告假回家，我顺便托他带回今年的薪水二百两银子作为家庭开销，可以节省点用。还有万名伞一把、旗四根，一并带回。

| 简注 |

① 经古："经古"是院试考前的一个测试。"经古"题目最初为经解、史论、诗赋。咸丰时增加性理、孝经论。同治十年增加算术。光绪二十三年增加时务。考生只须选其中一门考试即可。

② 庆：福泽。

③ 桑寄生：别称桃树寄生、苦楝寄生等。嫩枝、叶密被褐色或红褐色星状毛，有时具散生叠生星状毛，小枝黑色，无毛，具散生皮孔。有祛风湿、益肝肾、强筋骨、安胎的功效。

④ 樽节：节省。樽，通"撙"。

| 实践要点 |

相比于自己的身体渐衰和远离亲人，时任浙江巡抚的左宗棠还有更大的痛苦：离老百姓如此之近，却不能拯救老百姓于水深火热之中。强烈的"爱民"之心和家国情怀，让寒门出身的他如坐针毡，夜不能寐。他这种仕宦不为求取功名，而为造福社稷百姓的价值观，身体力行地传递给子弟，也是在千里之外培养他们爱国为民的情怀。

与孝威（世胄之致身易于寒酸）

霖儿知悉：

六月十七日吴都司兰桂因病假归，曾以一函寄尔，并付今年薪水银二百两归，未知接得否。念家中拮据^①，未尝不思多寄，然时局方艰，军中欠饷七个月有奇，吾不忍多寄也。尔曹年少无能，正宜多历艰辛，练成材器^②。境遇^③以清苦^④澹泊为妙，不在多钱也。

尔幸附学籍^⑤，人多以此贺我，我亦颇以为乐。然吾家积代以来皆苦读能文，仅博一衿^⑥，入学之年均在二十岁以外，惟尔仲父十五岁得冠县庠^⑦为仅见之事。今尔年甫^⑧十七亦复得此，自忖文字能如仲父及而翁^⑨十七时否？左太冲诗云："以彼径寸茎，荫此千尺条。"^⑩盖慨世胄^⑪之致身^⑫易于寒畯也。尔勿以此妄自衿宠^⑬，使人轻尔。

六月十七日，吴兰桂都司因病请假回家，我曾托他捎一封家信带给你，还有我今年的薪水二百两银子，不知道你收到没有？我知道家中经济不宽裕，也想过要多寄一些钱给你们，然而现在国家时局艰难，军中已经有七个多月没给将士们发粮饷了，这也是我不忍心给你们多寄钱的原因。你们现在年纪还小能力不强，正要在艰苦的环境下多加磨炼，这样才能成为有用之材。人生的境况和遭遇以处于清苦淡泊中不失气节为好，不在于有很多钱财。

你有幸通过院试取得进入官学学习的资格，许多人都来向我道贺，我也从心底里感到高兴。然而我们家族几代以来都是勤学苦读出身，也只考取了秀才，而且年龄都超过了二十岁，唯有你二伯父十五岁在县学中名列前茅，实属罕见。你今年刚刚十七岁便有幸取得和你二伯父当年一样的成绩，你应该问问自己的文章是否能比得上你伯父和你父亲十七岁时呢？左太冲的诗歌写道："以彼径寸茎，荫此百尺条。"（小苗生长在山顶上，因为地势好的缘故，凭借它径寸之苗，能遮盖有百尺高的松柏。）这是在慨叹世家后代出仕比寒门子弟要容易些。你切不可因为这个而炫耀取得的成绩，让别人看不起你。

简注

/

① 拮据：境况窘迫，尤指经济困难而言。

② 材器：可供建筑制造的材木，比喻有用之才。

③ 境遇：境况和遭遇。

④ 清苦：穷困而不失气节。

⑤ 附学籍：通过了院试，取得进入官学学习的资格。附学，科举考试中，院试合格后取得生员（秀才）资格，才能进入府、州、县学学习，新"入学"的生员称为附学生员，简称附学。

⑥ 衿：原指汉服的交领，这里指秀才。

⑦ 县庠（xiáng）：县学。庠，古代的学校名称。

⑧ 甫：刚刚，才。

⑨ 而翁：你的父亲。这里是为父者自称。

⑩ 以彼径寸根，荫此千尺条：出自晋·左思《咏史·郁郁涧底松》，原为"以彼径寸茎，荫此百尺条"。径寸茎，直径仅一寸的茎干。荫，遮盖。百尺条，指涧底松。意思是，幼苗虽然小，但因为它长在高山顶上，所处的地理位置好，能遮盖住涧底高大的松柏。这首诗以形象的比喻，抨击了世家子弟依靠父兄的功绩而窃取高位的门阀制度，导致下层寒门士子晋升无门。这里以"小苗"借喻世家大族弟子，以"松柏"喻指寒门弟子。左思，字太冲，今山东淄博人，西晋著名文学家，其《三都赋》颇被当时称颂，造成"洛阳纸贵"。另外，其《咏史诗》《娇女诗》也很有名。其诗文语言质朴凝练。后人辑有《左太冲集》。

⑪ 世胄：世家大族的后代。

⑫ 致身：原指献身，后用作出仕之典。语出《论语·学而》："事父母能竭其力，事君能致其身，与朋友交言而有信。"

⑬ 衿宠：炫耀所受的宠爱。

左孝威十七岁时考取了秀才，可喜可贺。不过父亲表扬的话只有一句"我亦颇以为乐"，转而马上提醒他两点：其一，二伯父左宗植是十五岁中的秀才，你觉得自己的文章相比十七岁时的二伯父和父亲的文章如何？言下之意是还有一定的差距。其二，自古以来世家子弟比寒门子弟成功的机会要多些，学习环境、家庭环境、社会环境等方面都更优越，切忌不要以为自己了不起，反而要更加谦虚谨慎。左宗棠将喜悦深藏于心底，讲得更多的还是要孝威多看到自己的不足，并要更加低调，从中可以看出其家教之严。不过，现在看来，他是否过于严格了呢？

> 辰下正乡试之期，想必与试。三场毕后，不必在外应酬，仍以闭户读书为是。此心一放最难收捉，不但读书了无进益，并语言举动亦渐入粗浮轻佻①一路，特②人不当面责备，自己不觉耳。

| 今译 |

现在正是举行乡试的时期，我想你应该会去参加。三场考试结束以后，你不

要在外面交际应酬，仍然要以闭门潜心读书才对。这个心思一旦放松就很难收拢把握，不但读书毫无收获，连言谈举止也会慢慢朝轻浮不庄重的方向发展，只是别人不会当面批评你，自己不会觉察罢了。

| 简注 |

① 轻佻：举止不庄重，不严肃。
② 特：只，但。

| 实践要点 |

自古以来，秀才们到省城参加乡试，免不了交朋结友，三场考试后一般要利用难得的机会放松一下，以释放备考多年的压力。左宗棠要求儿子在考试后抓紧时间闭门读书，珍惜时光，避免成为粗浮轻佻的人。这个出发点是好的，不过也要考虑到"一张一弛，文武之道"，趁着与士子聚集的契机，多结交端人正士，开阔自己的视野，也未尝不可。

吾家向例，子弟入学，族中父老必择期迎往扫墓、拜祠，想此次尔与丁弟亦必有此举。到乡见父老兄弟必须加倍恭谨，长辈呼尔为少爷，必敛容①退避，示不敢当；平辈亦面谢之："分明昆弟，何苦客气？"自带盘费住居祠中，不必赴人酒席。三日后仍即回家。祠中奖赏之资不可索领。如族众必欲给尔，领取后仍捐之祠中，抵此次祭扫之费可也。

我们家族的惯例是，族中子弟正式入学堂读书，长辈必须选好日子带入学子弟去扫墓和进祠堂拜祭先祖，想必这次你与丁弟也会有这样的安排。你们回家乡见到父老兄弟必须更加恭敬，长辈称呼你为少爷，你应该退后一步，收起笑容，面色端庄地表示"不敢当"；如果平辈兄弟也这样称呼，也应该当面表示感谢："大家都是兄弟，何必要这么客气呢？"自己带上盘缠旅费住在祠堂中，不必赶赴别人邀请的酒席。三天后就回家。宗祠里奖赏的财物不可贪拿或索要。如族中众人执意要给你，你可以收下后仍旧捐献给祠堂，当作这一次祭扫活动的费用。

① 敛容：收起笑容，脸色庄重。

孝威中秀才入官学是家族的一件大事，按惯例要回乡扫墓、拜祠。左宗棠嘱咐：要谦恭有礼，连怎样向长辈和平辈回答都考虑好了；要带上盘缠住在祠堂里，不赴族人的酒席，不花费族人的钱财；三天后就要回家；宗祠的奖赏不能领取；族人一定要送礼表示心意的话，可以先收下再捐献给祠堂。两袖清风的父亲对家族人情往来考虑得十分周到，希望儿子在家族向他贺喜的时候也能保持简朴、清廉的本色。再看当今有些父母在子女升学的时候大造声势，大肆庆贺，唯恐周围人不知道，甚至相互攀比，两者形成了何其鲜明的对比！

浩斋先生处送谢敬五十两不为多。先生不知我之所以自处①，以为带勇之人例有余财，非五十金不足慰②其意，且先生境遇亦实苦也。

尔大姊病体如何？尔母信来云：大姊意欲勖儿往小淹读书。我颇不以为然，一则相距太远，一则尔大姊多病，岂可累其照料。又勖儿年太幼小，往来须人护送，亦殊③不便耳。

八月初九夜龙游县潭石望行营

浩斋先生那里送银子五十两表示感谢不算多。先生不了解我这边的情况，认为在外带兵的人一般都会有多余的钱财，所以没有五十两不能让他宽心，况且先生的遭遇也确实太困苦了。

你大姐身体怎么样了？你母亲在上封家书中说：大姐打算送勋儿去安化小淹读书。我认为这样做并不是太合适，一则两地相距太远，你大姐体弱多病，不可能分出那么多精力来照顾他。再说勋儿年纪太小，来回都需要人护送，也特别不方便。

| 简注 |

① 自处：自己对环境事态的应对与处理。这里指左宗棠自己过着简朴生活，由于军营粮饷的奇缺和周围难民需要接济，他经常从自己的养廉银中进行开支。

② 慰：安抚，用言行或物质等使人宽心。

③ 殊：特别，很。

| 实践要点 |

左宗棠嘱咐儿子，替自己给浩斋先生送去五十两银子。浩斋先生既是儿子的老师，也是他的朋友。从中可以看出他十分重视师友之间的情谊，即使师友对他

有一些不理解或误解，也能以宽阔、豁达的心胸接纳。左宗棠尊重、理解和尽全力帮助解决浩斋先生的困难，可以看出虽然他们之间地位悬殊，但左宗棠对待师友的真诚始终如一。

对于家族子弟的教育，他从不放松懈怠，即使常年在外带兵打仗，也通过家书及时保持沟通和了解，身体力行，至老不衰。信中提及勋儿是否去小淹读书的问题，他给出具体务实的意见，既表现出他对女儿的体贴照顾，无微不至，也考虑到勋儿年幼的实际情况，体现出左宗棠的家庭教育观既饱含爱心，有高度的责任感，又实事求是，具有可操作性。

与孝威（苦心力学，无坠门风）

阿霖知之：

　　得尔场后书，知尔初预秋试，诸免谬误^①，心殊喜慰。榜已发矣，不中是意中事，我亦不以一第望尔。尔年十六七，正是读书时候，能苦心力学，作一明白秀才，无坠门风^②，即是幸事。如其不然^③，即少年登科^④，有何好处？且正古人所忧也。

　　　　　　　　　　　　　　　　闰月十七日（父谕）

| 今译 |

　　收到你考试之后的家信，知道你第一次参加秋试，各种事情都没出什么差错，我心里非常高兴。考试结果已经出来，（你）没有考取是意料中的事情，我也没有以考取一个功名对你寄予厚望。你现在十六七岁，正是读书的好时候，如果能沉下心来刻苦读书，做一个清白的秀才，不丧失家族世代相承的传统，在我看来就是好事。如果不这样，即使年少就考取功名，那又有什么益处呢？而且这正是古人所担忧的。

| 简注 |

① 谬误：错误。

② 无坠门风：不丧失家族世代相承的传统。语出北齐颜之推《颜氏家训》："笃学修行，不坠门风。"坠，丧失。

③ 如其不然：如果不这样。

④ 登科：科举时代应考人被录取，也说"登第"。

| 实践要点 |

左宗棠支持儿子参加科举考试，是顺应世俗和鼓励走正道的一种方式，其目的主要在于读书明理和知晓其中艰辛，由此更加发愤。他并不以考取功名为重，更不将其作为一条最重要的考核标准。相反，他信奉古人说的，少年登科，大不幸矣。因为少年得志，容易滋生骄傲浮躁之气，如不能克己守道，反而容易招致祸患。如果子弟能恪守祖训，保持耕读之家读书人本色，能够静心读书，淡泊名利而厚学笃行，即使以一介秀才终老，也是家族的幸运，足以垂训后世。

与孝威（早成者必早毁，以其气未厚积而先泄也）

孝威知悉：

前日寄一函由郭二叔转递。甫发数时，即接中丞及郭二叔书，知闰月初六日榜发，尔竟幸中三十二名，且为尔喜，且为尔虑。古人以早慧早达为嫌，晏元献[①]、杨文和[②]、李文正[③]千古有几？其小时了了、大来不佳者[④]则已指不胜屈，吾目中所见亦有数人。惟孙芝房[⑤]侍讲稍有所成，然不幸中年赍志[⑥]，亦颇不如当年所期，其他更无论也。

天地间一切人与物均是一般，早成者必早毁，以其气未厚积而先泄也。即学业亦何独不然？少时苦读玩索而有得者，皓首[⑦]犹能暗诵无遗。若一读即上口[⑧]，上口即不读，不数月即忘之矣。为其易得，故易失也。尔才质不过中人，今岁试辄高列，吾以为学业顿进[⑨]耳。顷阅所呈试草，亦不过尔尔，且字句间亦多未妥适，岂非古人所谓"暴得大名不祥"[⑩]乎？尔宜自加省惧，断不可稍涉骄亢[⑪]，以贻我忧。

此前给你寄去一封信，由你郭二叔转给你。信发出不久，就收到中丞及郭二叔的信，得知闰月初六公布科考名次，你幸运地获取第三十二名的好成绩，既为你开心，也为你担忧。古人认为年幼时即显聪明和年少显达不是好事情，几千年来，像晏元献、杨文和、李文正这样的人又有几个？那些小时候很聪明、长大后却没有什么才华的人数不胜数，我在现实中也亲眼看见不少这样的人。唯有孙芝房侍讲稍微有点成就，但不幸怀抱着未遂的志愿在中年就去世了，也并没有取得早年大家所期待的那种成就，其他人就更不用说了。

天地间一切人与物的道理都是一样的，成熟得早的必然凋零毁灭得早，因为积淀不够深厚而提前发散了。读书求学又何尝不是这样呢？少年时期苦苦思索探求而有所体会的，到垂暮之年仍然能清晰无误地背诵当年所学的内容。如果一读就顺口流畅，顺口流畅就不会继续诵读，没有几个月就忘记了。因为容易得到，所以也容易失去。你的资质只是中等，这次一考就名列前茅，我本来以为是你学业顿然长进的缘故。刚才我读了你考试所写的文章，才觉得你写得不过如此，并且用字造句也还有许多不恰当的地方，难道不是古人所说"突然得到很大的名声是不吉祥的"吗？你应该更经常地保持敬畏之心，并反省自己的不足，千万不能骄傲自大，让我为你担忧。

| 简注 |

① 晏元献：晏殊，北宋江西临川人。十四岁以神童入试，赐同进士出身，

命为秘书省正字，官至右谏议大夫、集贤殿学士、同平章事兼枢密使、礼部刑部尚书、观文殿大学士知永兴军、兵部尚书等。晏殊以词著于文坛，尤擅小令，风格含蓄婉丽，与其子晏几道，被称为"大晏"和"小晏"，又与欧阳修并称"晏欧"；亦工诗善文，原有集，已散佚。存世有《珠玉词》《晏元献遗文》《类要》残本。宋仁宗至和二年（1055）病逝于京中，封临淄公，谥号元献，世称晏元献。

② 杨文和：杨一清，明朝南直隶镇江府丹徒（今属江苏）人，祖籍云南安宁。年少时被誉为神童，十四岁便参加乡试，并且被推荐为翰林秀才。明宪宗命内阁选派老师教他。成化八年（1472）壬辰科进士，授中书舍人。曾任陕西按察副使兼督学，弘治十五年以南京太常寺卿都察院左副都御史的头衔出任督理陕西马政。后又三任三边总制。历经成化、弘治、正德、嘉靖四朝，为官五十余年，官至内阁首辅，号称"出将入相，文德武功"，才华堪与唐代名相姚崇媲美。

③ 李文正：李东阳，明朝湖南茶陵人。八岁时以神童入顺天府学，天顺六年中举，天顺八年举二甲进士第一，授庶吉士，官编修，累迁侍讲学士，充东宫讲官，弘治八年以礼部右侍郎、侍读学士入直文渊阁，预机务。立朝五十年，柄国十八载，清节不渝。李东阳主持文坛数十年之人，其诗文典雅工丽，为茶陵诗派的核心人物。又工篆书、隶书。著有《怀麓堂稿》《怀麓堂诗话》《燕对录》等。后有清人辑编的《怀麓堂集》和《怀麓堂全集》等。死后赠太师，谥文正。

④ 小时了了、大来不佳者：小的时候很聪明、长大后却没有什么才华的人。化用南朝刘义庆《世说新语·言语第二》中孔融"小时了了，大未必佳"的对

答。了了，聪慧。

⑤ 孙芝房：孙鼎臣，清善化县（今属湖南长沙）人。字子余，号芝房。生于嘉庆二十四年（1819）。十七岁举乡试，选内阁中书。道光二十五年（1845）中进士，改翰林院庶吉士。散馆授编修。二十九年充贵州乡试考官。咸丰二年（1852）擢翰林院侍读，充日讲起居注官。曾主讲石鼓书院。阅古今论盐漕钱币河渠兵制等书，撰成《番塘鱼论》《河防纪略》。其刍论二十五篇，追溯治乱之源，深咎汉学家以私意分别门户，多有痛切之言。又工诗古文，时有忧国之辞。所写诗文，后辑成《苍莨集》一书。咸丰九年（1859）卒。

⑥ 赍（jī）志：怀抱着未完成的志愿。

⑦ 皓首：白头，指老年。

⑧ 上口：顺口。指诵读文章时熟练而流畅。

⑨ 顿进：急成；顿然长进。

⑩ 暴得大名不祥：突然得到很大的名声是不吉利的。语出《史记·项羽本纪》：陈婴母谓婴曰："自我为汝家妇，未尝闻汝先古之有贵者。今暴得大名，不祥。不如有所属，事成犹得封侯，事败易以亡，非世所指名也。"

⑪ 骄亢（kàng）：骄纵不逊。出自北宋范仲淹《让观察使第一表》："臣辈岂不鉴前代将帅骄亢之祸。"

| 实践要点 |

明代洪应明的《菜根谭》说："伏久者，飞必高；开先者，谢独早。"任何事

物都要有一定的沉淀才能绽放光芒，不能接受时间洗礼的必将早早退场。昙花一现又何如，腊梅寒香才是真。人生应该像一坛酒，愈陈愈香，要让它在岁月中酝酿、成熟，才会是一坛好酒。像晏殊、李东阳这样的神童，幼年聪慧过人，长大后又勤奋好学，才能取得常人无法企及的成就。像他们这样同时具备天才、勤奋和机遇的人物在历史上屈指可数，拿普通人来与他们对比，缺乏可比性。更多的情形是像方仲永一样，早年聪明过人后来却默默无闻。

左宗棠自己就是大器晚成的典型。他在第一时间获得儿子科考取得好成绩的喜报，既为他感到高兴，又担心他少年有成后滋生骄惰之心。一般来说，突然获得盛名，面对诱惑容易失去判断力，难以把持自己，也不愿再勤奋努力，常常出现江郎才尽光啃老本的现象，甚至因自身的实力与名望地位不相配而招致不祥后果的事情也常有发生。左宗棠作为父亲，不希望这样的事情发生自己儿子身上，于是训导孝威时刻谨记，读书做人要谦逊自处，脚踏实地不偏离正道，切忌盲目自大。一般来说，教育孩子应以鼓励为主，这样能够带给孩子自信和力量，但适当的提醒和警策也不能少，这样更能帮助孩子看到自身的不足而随时纠错，懂得"山外有山，人外有人"的道理，有助于孩子厚积薄发、行稳致远。

尔昨抄录闱作①，字画潦草太甚，且多错落，又未习行书，随意乱写，致难认识，殊不喜之。嗣后②断宜细心检点，举笔不可轻率也。

近来习俗最重同年，其实皆藉以广结纳耳，我素不取。当得意③时，最宜细意检点，断断不准稍涉放纵④。人家当面奉承你，背后即笑话你。无论⑤稠人广众⑥中宜收敛⑦静默。即家庭骨肉间，一开口，一举足⑧，均当敬慎⑨出之，莫露轻肆故态，此最要紧。

闰八月二十一日（父谕）

今译

你昨天抄写的乡试文章，写得太潦草了，并且还有许多错误和遗漏的地方，你还没有学习写行书，不按用笔规矩随便乱写（行书），以至于写出来不认识，我真是不喜欢你这样子。今后你一定要仔细看清楚，下笔不能草率不谨慎。

近年的风气最推崇"同年"，实际上不过都是借这个由头来广交朋友罢了，我向来不赞成这种做法。当称心如意的时候，最应该细心约束自己，千万不能稍微有一点不遵循规矩礼节。别人当面吹捧你，转过身去就会嘲笑你。更不要说人多聚会的时候，要约束言行尽量保持安静沉默。即使在家庭亲人之间，一旦开始说话，一旦开始迈开脚步，都应该抱有恭敬小心的态度，不要流露出轻率放肆的样子，这是最要紧的。

简注

① 闱作：清代每届乡试会试的试卷，由礼部选定录取的文章，编刻成书。

② 嗣后：以后。

③ 得意：得志，称心如意或引以为豪。

④ 放纵：不遵循规矩礼节。

⑤ 无论：不要说，更不要说。

⑥ 稠人广众：人数众多。出自《史记·魏其武安侯列传》："稠人广众，荐宠下辈。"

⑦ 收敛：思想或行为检点约束，不放纵。

⑧ 举足：提脚，跨步。意指行为举动。

⑨ 敬慎：恭敬而小心。

实践要点

孝威中举后，左宗棠从寄过来的文稿中发现了他有所放松的苗头，于是列出要做到的四个方面：动笔写字要细心，行书还要花大力气去学；不要去结纳同年，这不是好风气；人多的时候要尽可能"讷于言"；对家人也不能随便，不能自以为了不起而看不起别人。同时也讲明道理："得意时，最宜细意检点，断断不准稍涉放纵。人家当面奉承你，背后即笑话你。"希望孝威在顺境时保持清醒，能够一如既往地勤学精进。

左宗棠整日忙于家国军政大事，对于春风得意的儿子，他丝毫没有放松教育，反而更加严格，是在防患于未然。他对于儿子的言行举止立下规矩、讲清道理，具有不同流俗的远见，饱含温馨细腻的关怀，非常接地气，这些真知灼见在今天仍有强大的生命力。

与孝威（请二伯来城专课尔读）

阿霖知之：

两书寄尔，均由郭二叔转递，想已接得。

明年不须会试，前书已言之。尔意从二伯入山读书，甚慰我意。惟念尔母衰病日甚，需人侍奉，且一家侨寓①省城，无人经理②。尔一入山，即家书亦难时得，殊为不便，尔可与尔母酌之。或能请二伯来城专课尔读，而左边住宅一所即退去，别开一塾以为润、勋、阳三儿③延师课读之所，计亦良得。尔从二伯读书，得稍长学识，又可就近照料家私④，一便。二伯年老，仍须作馆⑤，若迎之家塾，可无须远涉，二便。所愁者不过无钱耳。我在外每年以二百两寄家以敷家用，今拟明岁以后多寄二百两可耳（以一百六十金为二伯脩金）。

前面有两封信寄给你，都由你郭二叔转交，想必你们已经收到。

明年你不必参加会试，在上封家书中我已经说过了。你想跟随二伯父到山中专心读书，我为你有此想法感到高兴。只是担心你母亲身体一天比一天衰弱，需要有人侍奉照料，而且一家人目前在省城寄居，家中将无人经营管理。如果你真的到山中读书，那么家书的收寄也很不方便，你可以与你母亲商量一下。如果能将二伯请来城内专门教你读书学习，家中左边宅子的一间可重新清理计划，另外开一间私塾作为请老师来教授孝宽、孝勋、孝同三人读书的场所，也是很不错的主意。你跟着二伯读书，能够稍微增长学识，又可以就近管理家事，这是方便之一。你二伯年纪大了，还需要担任家庭教师的话，如果能将他迎回家族私塾，他也不用长途跋涉，这是第二个方便之处。现在所愁的不过是缺钱。我在外每年寄二百两银子补贴家用，现在打算从明年开始多寄二百两银子回家（其中一百六十两作为二伯教课的酬金）。

| 简注 |

① 侨寓：侨居，寄居。

② 经理：经营管理。

③ 润、勋、阳三儿：指左宗棠的另外三个儿子：孝宽、孝勋和孝同。

④ 家私：家务，家事。

⑤ 作馆：受聘任家庭教师。

二伯父左宗植是 1832 年壬辰本省乡试解元，即第一名举人，学问人品俱佳。左宗棠与他兄弟情深，时常书信来往。若能请二伯父在省城家里开馆授课，实在是两全其美的好事。所以以左宗棠同意增加二百两的家用花销，其中一百六十两作为二伯父授课的报酬，这次在教育上加大投入，还兼顾到亲情，虽增加了开支，但并没有违背"崇俭以广惠"的原则。

> 尔少年侥幸①太早，断不可轻狂恣肆②，一切言动均宜慎之又慎。凡近于名士气③、公子气一派断不可效之，毋贻我忧。
>
> 九月十日龙游城西书

| 今译 |

你年少便获得意外成功，绝对不能目中无人、狂妄放纵，所有言行举止都应该更加小心谨慎。凡是带有名士做派、公子哥习气的那一些习惯绝对不可效仿，不要让我为你担忧。

① 侥幸：意外成功。

② 恣肆：放纵。

③ 名士气：不拘小节的放达习气。名士是指那些社会名望高而不做官的人。《礼记》孔颖达疏："名士者，谓其德行贞纯，道术通明，王者不得臣，而隐居不在位者也。"

| 实践要点 |

/

短短几句话，左宗棠对儿子用了许多表示程度的严厉词语，如太早、断不可、一切言动、均宜、慎之又慎、凡。可见他对孝威要求很严，非常担心儿子自以为少年得志便沾染上名士气和公子气，所以一再强调。在这种严格的家教下，左氏家族近百年来确实没有出现过有一点名士气和公子气的人。

与孝威（宗、潘之留意正人，见义之勇，亦非寻常可及矣）

孝威知之：

吾以婞直狷狭①之性不合时宜，自分②长为农夫以没世③。遭际乱离，始应当事之聘，出深山而入围城。初意亦只保卫桑梓④，未敢侈谈大局也。文宗显皇帝⑤以中外交章⑥论荐，始有意乎其为人，凡两湖之人及官于两湖者，人见无不垂询及之。以未著朝籍⑦之人辱荷恩知如此，亦希世之奇遇。骆、曾、胡之保⑧，则已在圣明洞鉴⑨之后矣。

官文因樊燮事欲行构陷之计⑩，其时诸公无敢一言诵其冤者。潘公祖荫直以官文有意吹求⑪之意入告，其奏疏直云："天下不可一日无湖南，湖南不可一日无某人。"于是蒙谕垂询，而官文乃为之丧气，诸公乃敢言左某果可用矣。咸丰六年，给谏宗君稷辰之荐举人才以我居首；咸丰十年，少詹潘君祖荫之直纠官文，皆与吾无一面之缘、无一字之交。宗盖得闻之严丈仙舫⑫，潘盖得闻之郭仁先⑬也。郭仁先与我交稍深，咸丰元年，与吾邑人⑭

公议，以我应孝廉方正制科⑮。其与潘君所言，我亦不知作何语。宗疏所称，则严仙舫丈亲得之长沙城中及武昌城中者，与吾共患难之日多，故得知其详。

两君直道⑯如此，却从不于我处道及只字，亦知吾不以私情感⑰之，此谊非近人所有。而宗、潘之留意正人，见义之勇，亦非寻常可及矣。吾三十五岁而生尔。尔生七岁，吾入长沙居戎幕。虽延师课尔，未及躬亲训督，我近事尔亦不及周知，宜多谬误，兹略举一二示之。

| 今译 |

　　我因为倔强、狭隘的性格而与当前的社会思想、习俗等不相投合，自以为将一辈子做个农夫终身到老。没想到遭遇战乱而离散逃亡，（在时势紧急的情况下）开始答应当局主政者（湖南巡抚骆秉章）的聘任（进入幕府），走出深山而进入被围的长沙城。最初我的想法只是保卫家乡，从不敢奢望谈论并参与国家军政大事。文宗显皇帝因为朝廷内外官员交互上书奏事都推荐和谈论（我），（于是）开始各方留意我这个人，从此，凡是两湖籍贯的官员和在两湖任职的官员入见圣上，甚至凡是认识我的人，文宗显皇帝都会一一询问我的情况。（我）作为一个没有进入在朝官吏名册的人能得到皇帝的如此恩宠信任，也是旷世未有的奇遇。

骆秉章、曾国藩、胡林翼的奏保举荐，那已经是在英明的圣上对我深察了解之后的事情了。

湖广总督官文因为樊燮的事情设计控告陷害我，当时众公卿中没有一个人敢站出来为我说公道话。侍读学士潘祖荫直接向圣上上奏说官文是在刻意寻找我的毛病，并直接上书陈述直言："天下不可一日无湖南，湖南不可一日无左宗棠。"于是承蒙圣上谕旨垂询，官文失去陷害我的勇气而不敢再上奏，众公卿在这之后才敢举荐我左宗棠，认为我可以起用。咸丰六年，御史宗稷辰按朝廷要求举荐人才，将我列于首位；咸丰十年，少詹潘祖荫直接上书矫正官文对我的陷害。他们与我都没有一面之缘，都没有一字之交。宗稷辰是从严正基（仙舫）前辈那儿听到关于我的点滴情况，而潘祖荫对我的了解则来自郭嵩焘（仁先）。郭嵩焘与我交情深厚，咸丰元年，他与同乡人一起评议，推荐我应举孝廉方正特科。郭嵩焘与潘祖荫私底下说过些什么，我并不清楚。宗稷辰奏疏的内容，则是严仙舫前辈自己亲自从长沙城和武昌城中听到的，（那些人）与我共患难的时间长，所以能够知道其中的详细情况。

他们两位正直公心地做了这些事情，却从来没有在我这儿提及片言只语，也深知我并不会以个人私情表示谢意，这种情谊并不是现在的人所能够有的。而潘祖荫和宗稷辰留心关注正派的人，面对合乎正义的事情表现出来的勇气，也不是一般人可以达到的。我三十五岁时你才出生。你七岁那年，我到长沙在军中幕府任事。虽然请来老师让你受学，但很少有时间亲自教育督导你，我近来的经历你也未能全部知晓，（有些听说的情况）可能有许多不准确的地方，在这里略微举些事例告诉你。

① 婞（xìng）直狷狭：婞直，倔强；刚直。狷狭，偏急而狭隘。这里是左宗棠自谦的说法。

② 自分（fèn）：自料，自以为。

③ 没世：终身。

④ 桑梓：家宅旁的桑树和梓树。后借指故乡、家园。

⑤ 文宗显皇帝：爱新觉罗·奕詝，清朝第九位皇帝，即咸丰帝，在位十一年。"文宗"是他的庙号，"显"是谥号。

⑥ 交章：官员交互向皇帝上书奏事。

⑦ 朝籍：在朝官吏的名册。

⑧ 骆、曾、胡之保：指左宗棠出山前，骆秉章、曾国藩、胡林翼的奏保举荐一事。

⑨ 洞鉴：深察。

⑩ 官文因樊燮事欲行构陷之计：指樊燮控告左宗棠一案。湖南巡抚骆秉章奏参永州镇总兵樊燮，樊燮递禀湖广总督官文和都察院，诬控"左某以图陷害"。官文具折参劾左宗棠，奉旨查办。因郭嵩焘、胡林翼等力解之，才免于难。

⑪ 吹求：吹毛求疵，指刻意寻找毛病。如宋代苏辙《李谏议谢二府启》："虽循省之无瑕，顾吹求之已密。"

⑫ 严丈仙舫：严正基，原名芝，字仙舫，湖南溆浦人，严如熤长子，清朝官吏。副贡生。少随父练习吏事。道光中，官河南知县，有声。后历任郑州知

州、江宁知府、署理淮扬河道、河南布政使、湖北布政使（留广西办理粮台）、通政使司副使、通政使等职。同治二年（1863）卒。严正基同时与湘军著名人物曾国藩、左宗棠、胡林翼、江忠源、郭嵩焘等有深交，他们之间经常有书信往来。严正基为人廉正勤谨，颇有政见，曾国藩赞其"名父之子，众人之母，德行吾师，政事吾师"，为当时朝廷执政者所推崇。

⑬ 郭仁先：郭嵩焘，湖南湘阴人，字伯琛，号筠仙，或署云仙、筠轩、仁先，晚号玉池老人。晚清官员，湘军创建者之一，中国首位驻外使节。

⑭ 邑人：同乡的人。

⑮ 应孝廉方正制科：据罗正钧《左宗棠年谱》记载：咸丰改元，清廷颁发特诏，开孝廉方正特科。郭嵩焘等同县人士推荐左宗棠应举，左宗棠推辞未去。

⑯ 直道：犹正道。指正直之道。

⑰ 感：对别人所给的好处表示谢意。

实践要点

左宗棠在这封家书中详细回顾了自己一生的主要经历，其用心有三：一是尊重儿子，庄重地讲述家史，让已经成年的儿子正面了解父亲和家庭的过去，培养对家庭的责任感和成熟心态，也能消除一些道听途说的不实之词。二是表明自己的一些观点，帮助儿子树立正确的是非观念。对素无私交的宗稷辰、潘祖荫二位公正无私的荐举之恩，左宗棠报答的方式是忠心报国、尽瘁为民。讲出这些心里话也是在培养儿子高尚正直的见识和胸襟。三是尽到作为父亲的教育督导责任。由于远隔关山、聚少离多，没有机会当面交流，只有借助家书进行远程教导，希望儿子能从父亲的不凡经历中汲取力量，更加发愤图强。毋庸讳言，家书中流露出浓厚的忠君思想，但考虑到左宗棠所处的时代风气、出山后快速上升的不寻常恩遇和从小所浸染的理学熏陶，也就不足为奇了。

二伯所言："不愿侄辈有纨绔①气。"此语诚然，儿等当敬听勿违，永保先泽。吾家积代寒素，先世苦况百纸不能详。尔母归我时，我已举于乡，境遇较前稍异，然吾与尔母言及先世艰窘②之状，未尝不泣下沾襟也。

吾二十九初度时在小淹馆中曾作诗八首，中一首述及吾父母贫苦之状，有四句云："研田③终岁营儿脯④，糠屑经时当夕飧⑤。乾坤⑥忧痛何时毕？忍属儿孙嚼菜根。"至今每一讽咏及之，犹悲怆不能自已。

自入军以来，非宴客不用海菜⑦，穷冬⑧犹衣缊袍⑨，冀与士卒同此苦趣，亦念享受不可丰，恐先世所贻余福至吾身而折尽耳。古人训弟子以"咬得菜根，百事可作"，若吾家则更宜有进于此者。菜根视糠屑，则已为可口矣，尔曹念之，忍效纨绔所为乎？

今译

你二伯常常说："不希望家族的子侄辈沾染纨绔子弟的习气。"这是非常有道理的，你们要恭敬地将这样的教诲铭记在心不能违背，永远传承先祖的福泽。我们家族世代贫寒朴素，先祖们生活艰苦的情形就是上百张纸也书写不完。你母亲嫁给我的时候，我已经考取了举人，那时的经济状况略有好转，但是每当我和你母亲回忆起那时候艰难困窘的生活，没有哪一次不是泪如雨下沾湿衣襟。

我二十九岁生日在安化小淹开馆授课时曾写过八首小诗，有一首说到我父母捉襟见肘的苦难生活，其中有四句是这样的："研田终岁营儿脯，糠屑经时当夕飧。乾坤忧痛何时毕？忍属儿孙嚼菜根。"（终年耕田养儿女，常把糠屑做晚餐；父母忧伤何时了？怎忍儿孙吃菜根。）直到现在，每当咏诵当年写下的诗句，我依然会沉浸在悲伤的情绪中不可自拔。

自从从军以来，不到宴请宾客的时候从不食用海菜，深冬还穿着以乱麻为絮的袍子，希望和士兵们一起同甘共苦，同时也考虑到享受不能太多，恐怕先辈们留下的福分到我这里就折损耗尽完了。古人用"能吃菜根的人，什么事情都可以做成"教育子女。像我们这样的家庭，更应该进行这样的教育。菜根相比糠屑已经很可口了，你们想到这些，怎能忍心效仿富贵人家子弟的所做所为呢？

简注

① 纨绔（wán kù）：用细绢做的裤子，后世代指富家子弟。

② 艰窘：艰难，困窘。

③ 研田：砚田，指当塾师。以田喻砚，把读写看作耕作。

④ 左宗棠诗集中自注："父授徒长沙，先后二十余年，非修脯无从得食。"

⑤ 左宗棠诗集中自注："嘉庆十二年吾乡大旱，母屑糠为饼食之，仅乃得活。后长姊为余言也。伤哉！"

⑥ 乾坤：本是《易经》上的两个卦名，后借称天地、阴阳、男女、夫妇、日月等。这里指夫妇，意指父母。

⑦ 海菜：海洋中可食用的植物。这里借指高级菜品。

⑧ 穷冬：深冬。

⑨ 缊（yùn）袍：以乱麻为絮的袍子，古代为贫者所穿。

| 实践要点 |

左宗棠苦口婆心提醒子女保持寒素家风。他深情回顾家世，详细描述祖辈和父母的贫寒生活，以感染子女。尽管家里生活条件比原来好些，但还是希望他们从心底里认同俭朴的生活方式，保持艰苦奋斗的作风，树立"嚼得菜根，百事可作"的信念，激励子女们奋发图强。

"嚼得菜根，百事可作"是一件很困难的事情。首先难在要吃得苦，经受住苦难对人身心的考验，没有因此一蹶不振；其次难在困境中仍有理想，依然斗志昂扬，能够将苦难视为挑战和财富，千方百计去实现理想；最难的还是在环境好转后，继续坚持原来艰苦奋斗的作风，不因为"穷怕了"的补偿心理而在经济实力上升后大肆挥霍。有的家长对下一代特别舍得花本钱，其出发点是不要让子女再受父辈的苦，殊不知那样反而对子女的成长有害，有远见的家长应该有意识地让子女经受苦难的磨炼。孩子不能成为温室里的花朵，因为"艰难困苦，玉汝于成"，比传承财富更为重要的是教给孩子独立生存的能力和艰苦朴素的生活作风。

俗话说："创业难，守业更难。"要想家族基业长青，长辈们务必要在成功时依然带头保持创业的精神，让俭朴、勤奋、优秀成为一种家族的生活方式。如果家中安享晚年的老一辈、仍在奋斗的中流砥柱、还在求学的未成年人，随着生活水平的提高都还能自觉做到勤俭苦学，方能打破"富不过三代"的魔咒。对于家庭之外的学校、企业和社会，也要加强这种宣传教育，形成"俭以养德"的共识，引导每位公民"以艰苦奋斗为荣，以奢侈懒惰为耻"，中华民族"艰苦奋斗、勤俭节约"的传统美德才能代代相传。

更有一语属尔：近时聪明子弟，文艺①粗有可观，便自高位置，于人多所凌忽②。不但同辈中人无诚心推许之人，即名辈居先者亦貌敬而心薄之。举止轻脱③，疏放④自喜⑤，更事⑥日浅，偏好纵言⑦旷论⑧；德业⑨不加进，偏好闻人过失。好以言语侮人，文字讥人，与轻薄之徒互相标榜⑩，自命为名士，此近时所谓名士气。吾少时亦曾犯此，中年稍稍读书，又得师友箴规⑪之益，乃少自损抑⑫。每一念从前倨傲⑬之态、诞妄⑭之谈，时觉惭赧⑮。尔母或笑举前事相规，辄掩耳不欲听也。昔人有云："子弟不可令看《世说新语》，未得其隽永⑯，先习其简傲⑰。"此言可味，尔宜戒之，勿以尔父少年举动为可效也。

至子弟好交结淫朋逸友，今日戏场，明日酒馆，甚至嫖赌、鸦片无事不为，是为下流种子。或喜看小说传奇，如《会真记》《红楼梦》等等，诲淫⑱长惰，令人损德丧耻。此皆不肖之尤⑲，固不必论。

吾以德薄能浅之人忝窃高位，督师⑳十月，未能克一郡、救一方，上负朝廷，下孤民望。尔辈闻吾败固宜忧，闻吾胜不可以为喜。

十月二十三夜龙游城外行营

| 今译 |

我还要嘱咐你一些话：近来有些自认为聪明的子弟，写文章方面稍微取得了一点成绩，便自认为水平很高，经常轻视他人。不但认为同辈中没有真正认可推崇的人，即使对有名气的前辈也只是表面恭敬而内心不以为然。（他们）行为轻佻，疏散放纵，自认为不错而得意，经历世事少，却偏偏喜欢任意谈论各种事情并发表迂阔的言论；德行和功业没有进步，却偏偏喜欢听闻他人的过失。喜欢用

言语欺凌人，喜欢用文字讽刺人，喜欢与言行不庄重的人互相吹嘘，自以为是名士，这些就是时下所说的名士气。我年少的时候也曾沾染这种毛病，中年以后稍微多读了点书，又得到师友的教诲规劝，于是开始克制自己。我现在每每想到从前的骄纵之态以及那些荒诞的言论，便会脸红惭愧。你母亲有时候也面带笑容地列举以前这些事劝谏我，（我）都捂着耳朵不想听。从前有人说："不能让家中子弟看《世说新语》，他们往往没能领悟书中意味深长之处，却学到了书中人物为人处世的傲慢态度。"这些话值得好好体会，你应该戒除名士气，切不可认为你父亲年少时那些行为值得效仿。

至于年轻的子弟喜欢结交骄奢淫逸的朋友，今天结伴入戏场，明日流连酒馆，甚至连嫖赌、鸦片这种道德败坏的事情也无所不为，这就是下流种子。又或者平时喜欢读小说传奇，如《会真记》《红楼梦》等等，诱发淫欲，增长懒惰，使人败坏德行，丧失羞耻。这是特别不肖的行为，就更不用说了。

我德行不厚、才能不高，却有幸身居高位，带兵打仗十个月，未能收复一郡，救民一方，向上有负朝廷信任，向下有负黎民厚望。你们听说我打了败仗自然会担忧，但听说我打了胜仗也不必高兴。

| 简注 |

① 文艺：撰述、写作之事。

② 凌忽：轻视、冒犯他人。

③ 轻脱：态度轻佻。

④ 疏放：疏散放纵、不拘束。

⑤ 自喜：自乐，自我欣赏，自认为不错而得意。

⑥ 更事（jīng shì）：对世事有所阅历，经历世事。

⑦ 纵言：任意谈说，泛说诸事。

⑧ 旷论：迂阔的言论，意指大而无当的言论。旷，宽广、空阔。

⑨ 德业：德行与功业。

⑩ 标榜：（互相）吹嘘，夸耀。

⑪ 箴规：用书信规劝。

⑫ 自损抑：克制自己，保持谦卑。

⑬ 倨傲：高傲自大，傲慢。

⑭ 诞妄：荒诞不实。

⑮ 惭赧（nǎn）：羞愧脸红。赧，害羞惭愧而脸红。

⑯ 隽（jùn）永：意味深长，耐人寻味。

⑰ 简傲：高傲，傲慢。

⑱ 诲淫：引诱人做淫秽的事。

⑲ 尤：特别，更加。

⑳ 督师：统帅军队作战。

| **实践要点** |

左宗棠对当时流行的名士气深恶痛绝，很担心儿子沾染上。于是他详细列举

了名士气的种种表现，言下之意是，这是禁令，要自觉远离。同时，他将自己少年时曾经犯过这类毛病的事情也坦诚相告，甚至举出夫人后来引为笑话而自己感到十分羞耻的切身感受，毫不避讳自己曾经走过的弯路，现身说法，希望子女不要再犯相同的错误，严厉之余不乏入情入理的尊重和剖析。这种交流不像父亲在教育子女，倒更像朋友间的以心换心，不仅拉近了父子之间的距离，还容易让儿子产生理解和共鸣。

他反对子弟读《世说新语》《会真记》《红楼梦》等书，明显是正统的儒家教育观。若从青少年心灵建设的角度来说，的确有他一定的道理。因为这些书内容丰富而杂糅，取材均来自特定的历史环境，具有复杂的多面性，而其中不乏消极思想。现在看来，这些书不是不可以读，但是一定要注意加以正确的引导，不然青少年读者的思想容易跑偏，不仅没有吸收到精华，反而只注意到糟粕。

青少年的成长离不开阅读的滋养，"一个人精神的发育史就是他的阅读史"。但读什么样的书，何时读，怎么读，这无疑是留给我们家长和教育工作者的难题，值得我们思索、探讨。毕竟能理性判断和选择适合自己的书籍的青少年并不多，选择阳光的、充满正能量的书籍不仅可以增长知识，开阔视野，更能提升他们的精神层次，净化心灵，且对他们一生产生根深蒂固的深远影响。左宗棠对子弟读书的甄别引导，为今天的家长指导孩子读书，也提供了很好的借鉴。父母应该积极为孩子选择那些思想健康、内容丰富且有营养的经典，主动承担起引领青少年阅读的责任。

同治二年

与孝威（真作八股者必体玩书理）

霖儿知悉：

　　所论重经济①而轻文章亦有所见，然文章亦谈何容易。且无论古之所谓文章者何若，即说韩、柳、欧、苏②之古文，李、杜③之诗，皆尽一生聪明学问然后得以名世，古今能几及者究有几人？又无论此等文章，即八股文、排律诗，若要作得妥当，语语皆印心而出，亦一代可得几人？一人可得几篇乎？今之论者动谓人才之不及古昔由于八股误之，至以八股人才相诟病。我现在想寻几个八股人才与之讲求军政、学习吏事亦了不可得。间有一二曾由八股得科名者，其心思较之他人尚易入理，与之说几句《四书》，说几句《大注》④，即目前事物随时指点，是较未读书之人容易开悟许多。可见真作八股者必体玩书理，时有几句圣贤话头留在口边究是不同也。

你来信所讲重视经世济民而轻视文章的观点也有一定的见地，然而要写出好文章又谈何容易？且不说古人所讲的文章是什么含义，单说韩愈、柳宗元、欧阳修、苏轼的古文，李白、杜甫的诗歌，都是耗费他们一生的聪明才智和学识才得以闻名于世的，古往今来又有几人能赶上他们？暂且不说这样高水平的文章，仅就八股文、律诗来说，若要写得妥妥帖帖，每一句都发自内心，一个时代又能有几人？一个人又能写出几篇？

今天有人动不动就说现在的人才比不上古代是由于八股文所害，以至于批评写八股文的人才。我现在想找几个八股文真正写得好的人，与他们讨论军务时政，切磋交流政事官务，也是了不可得。偶尔有一两个由八股而获科名的人，他们的想法比其他人还容易切近义理一点，与他们讲几句《四书》和《四书章句集注》，根据当前的事情对他们适时进行点拨指导，比那些没有读过书的人开通觉悟起来容易很多。可见，真正能写好八股文的人必定能将书中的义理融会贯通，与那些不过时常将几句圣贤语句挂在嘴边的人确实不同。

| 简注 |

① 经济：经世济民。《宋史·王安石传》论曰："以文章节行高一世，而尤以道德经济为己任。"《五代史平话·周史》："吾负经济之才，为庸人谋事，一死固自甘心。"

② 韩、柳、欧、苏：唐代韩愈、柳宗元和宋代欧阳修、苏轼的合称，均为唐宋八大家人物。其中韩愈、柳宗元是唐代古文运动的领袖；欧阳修、苏轼等是宋代古文运动的核心人物。

③ 李、杜：指李白和杜甫，分别为中国诗歌史上浪漫主义和现实主义的代表人物。文学家韩愈说"李杜文章在，光焰万丈长"，形容他们诗歌美妙，流传后世。

④《大注》：是朱熹为《大学》《中庸》《论语》《孟子》所作的注，包括《大学章句》一卷、《中庸章句》一卷、《论语集注》十卷、《孟子集注》七卷，是朱熹经学思想的代表作，后人合称为《四书章句集注》，简称《四书集注》。

▎ 实践要点 ▎

左宗棠作为一个科举道路上屡屡碰壁，然后发誓不再参加科举考试的逆袭成功者，按常理会对科举八股文深恶痛绝，因为自己没有通过科举考试也能成功，足以证明科举八股误人之深。但是，他并不是这样看待八股文的，他认为能真正写好八股文的是人才，科举成功的并不一定就八股文写得好，还有很多文章之外的因素难以预料；也就是说，现在依靠科举成功获取功名的人，并不是真正能写好八股文的人，大多依靠那种讨巧的时髦八股文而登科。科举考试的本意是选拔人才，将现在缺乏人才的原因归罪于八股文是错误的，非八股文之罪，而是上上下下整个评价八股文的标准和考试选拔体制的罪。他认为，要真正写好八股文，必须"体玩书理"，不是讲几句圣贤话语充门面，而是真正体会和践行圣贤义理。

写过八股文的人与没写过八股文的人不同，稍微领悟了圣贤义理的人与只会写表面文章的人不同，这也是他作为过来人的切身体会和持平之论，表现出他看待八股文的独特视角，其间有难得的清醒与豁达。

由此也可以延伸到对当今高考升学制度的反思。高考制度设计的出发点是基于公平选拔人才，而且也确实选拔了一大批人才，至少目前还没有一种更好的制度可以取代高考，但高考在实行中也产生了一些流弊，比如：重点中学身价日涨，培养了不少"书呆子"，学生成为"考试机器人"，整个高中阶段都"暗无天日"，高考作文被称为"新八股文"……我们应当明白，考试只是手段而不是目的，学习不是为了拿高分数，更重要的是通过考试训练思维和发现自己的不足，尽可能培养自己各方面的能力。如何保证高考的公平性和科学性？如何让学生的身心全面发展？如何改变一考定终生的局面？如何实现高中阶段和大学阶段学习内容和要求的有序衔接？诸如此类，都将是政策制定者和千万父母所关注的永恒话题。

小时志趣要远大，高谈阔论固自不妨。但须时时反躬自问①：我口边是如此说话，我胸中究有者般道理否？我说人家作得不是，我自己作事时又何如？即如②看人家好文章，亦要仔细去寻他思路，摩他笔路，仿他腔调。看时就要着想：要是我做者篇文字必会是如何，他却不然，所以比我强。先看通篇，次则分起，节节看下去，一字一句都要细心体会，方晓得他的好处，方学得他的好处，亦是不容易的。心思能如此用惯，则以后遇大小事到手便不至粗浮③苟且④。我看尔喜看书，却不肯用心。我小来亦有此病，且曾自夸目力之捷⑤，究竟未曾子细，了无所得，尔当戒之。

| 今译 |

　　小时候读书志向要高远，敢于大声说出自己的想法，甚至发表不同于他人的见解也没关系。但是，你要时刻检查自己的思想和言行：我口头上这样说，心里是不是真正认为确实是这番道理呢？我讲别人做得不好，自己做事情的时候又怎么样呢？就像读到他人写的好文章，也要认真去体悟他的思路，临摹他的笔法和风格。看的时候就要想到：如果我写这篇文章将会怎样写，他却不是这样写，所以要比我写得好。读文章先从整体入手，通读一遍，然后再一段一段分别阅读，一节一节往下看，一字一句都要细心体会，这样才能知道他好的地方，才能学得他好的地方，也是不容易的。能够形成这样良好的思维习惯，那么以后处理起生活中大小事情来就不至于浮躁马虎。

　　我发现你喜欢读书，但不够用心。我小时候读书也有这种毛病，而且常常自认为看书看得快，归根到底还是没有认真看书，结果并没有什么收获，你应该努力戒除。

| 简注 |

/

① 反躬自问：事后反过来问问自己，指检查自己的思想和言行。躬，自身。

② 即如：正像，就像。

③ 粗浮：浮躁，形容人不细心，不沉着。

④ 苟且：敷衍了事，马虎。

⑤ 捷：敏捷，迅速。

| 实践要点 |

/

曾子说"吾日三省吾身"，左宗棠进一步将这种反省具体化了：说话和心里想的是否表里如一？批评别人做得不好时要想想自己去做能否做得好？看到好文章想想自己的写法和别人的想法有什么不同，别人写的好在哪里？还有看书太快不用心体会的坏毛病，父亲原来也有过，吃了亏，希望儿子吸取这样的教训。他从读书、写文章、评论别人、做大小事情上进行举例，所提建议都有很强的针对性和可操作性，不是泛泛而论。虽然他对子弟要求严格，但总不忘提出切实可行的具体指导方法，其中包含了多年体会出来的人生经验，甚至常常以自己的人生经历做反面教材，十分具有说服力，是一种温和又坚定的家庭教育。

子弟之资分各有不同，总是书气①不可少。好读书之人自有书气，外面一切嗜好②不能诱之。世之所贵读书寒士者，以其用心苦（读书），境遇苦（寒士），可望成材也。若读书不耐苦，则无所用心③之人；境遇不耐苦，则无所成就之人。

今译

每个子弟的天分各有不同，不管怎么说都不能缺少读书人的气质。喜欢读书的人自然而然会散发出一种彬彬有礼的书卷气，外在的一切诱惑都不能打动他。世人之所以推崇和看重寒门学子，在于他们（读书）肯下苦功夫，境遇艰难（寒士），有成才的希望。如果读书不能下苦功夫，便是不动脑筋的人；如果不能忍受艰苦的环境，便是没有什么作为的人。

简注

① 书气：读书人的气质。

② 嗜好：本性特别爱好的，多用于贬义。

③ 无所用心：没有地方用他的心。指不动脑筋，什么事情都不关心。

与孝威（真作八股者必体玩书理）

喜欢读书的人坐得住，耐得住寂寞，经得起诱惑，在专注力和毅力方面都经过一番磨炼。如果是贫寒人家中喜欢读书的人，则更经历了穷苦生活的考验，会更加具有克服困难的决心和坚强的意志，这些品格将有助于成就事业。所谓"宝剑锋从磨砺出，梅花香自苦寒来"，就是这个道理。何况，读书无疑是训练思维能力和汲取前人智慧最快捷的途径，聪明人善于将书本知识和生活实践联系起来思考和体会。所以，左宗棠欣赏寒士的品格，认为寒士更可能成大器。这与"万般皆下品，惟有读书高"的观点还是大有区别的。

我在军中，作一日是一日，作一事是一事，日日检点，总觉得自己多少不是，多少欠缺，方知陆清献公① 诗"老大始知气质驳②"一句真是阅历后语。少年志高言大，我最欢喜。却愁心思一放，便难收束，以后恃才傲物、是己非人种种毛病都从此出。如学业荒疏③之后，看人好文章总觉得不如我，渐成目高手低④之病。人家背后讪笑⑤，自己反得意也，尔当识之。

癸亥正月六日龙游城外大营

今译

我在军营中，认真安排好每一天，认真对待每一件事情，每天都反省自己，总觉得自己有很多不足，很多地方做得不好，这才明白陆清献公（陆陇其）的一句诗"老大始知气质驳"（年纪大了才知道自己的气质不纯正）是历经世事后的真实感受。少年时期志向远大、言论宏远，我本来是很喜欢的。但又担心这种念头一冒出来便难以约束，以后接人待物时目中无人、习惯肯定自己否定他人的种种毛病都出来了。比如学业荒废后，看到别人的好文章总觉得不如自己，渐渐养成眼高手低的毛病。别人在背后取笑却浑然不知，自己反而得意忘形，你要将这些铭记于心。

简注

① 陆清献公：陆陇其，字稼书，被誉为清代理学第一人，作品有《三鱼堂文集》。

② 驳：不纯正。

③ 荒疏：因平时缺乏练习而生疏。

④ 目高手低：眼光高，手艺低。比喻要求标准高，而实行能力低。

⑤ 讪笑：讥笑。

左宗棠不仅要求子女反省，而且自己带头每天反省，更加难能可贵的是，他还及时将自己反省的心得与家中子女分享。他告诉晚辈：到现在才体会到清代理学第一人陆陇其"老大始知气质驳"的深意，到现在才知道原来少年志高言大不利于修德敬业。这些经验之谈让子女明白一个道理：越是有了进步，就越能看到自己的不足；学识修养越高的人越谦虚。反之，越是没有什么见识的人，越容易轻狂自大。他毫不遮掩自己的毛病，主动说出自己的检讨历程，不仅无损于父亲的高大形象，反而让子女倍感亲切，其实是在暗示：连军中老父都在三省吾身，家中儿女怎么能不也这么做呢？子女们在此看到了一个可亲可敬的父亲。

与孝威孝宽（惟崇俭乃可广惠）

孝威、孝宽知之：

　　所寄信件均收到。尔等今岁读书如何？昨见孝宽与我禀①，字画略有进境②，尔母来书亦渐夸之，或者真知立志学好耶？长一岁须长一岁志气，刻刻念念以学好为事，或免为下流之归。家用虽不饶，却比我当初十几岁时好多些。但不可乱用一文，有余则散诸宗亲之贫者。惟崇俭乃可广惠③也，识之！

| 今译 |

　　你们寄来的信都已收到。今年你们读书的情况如何？昨天看到孝宽向我的汇报，写字的水平稍微有点进步，你母亲在来信中也开始夸奖他，或许他真的明白要立志学做好子弟了吧？年龄增长一岁要增长一岁的志气，时时刻刻想到以学做好子弟为事业，或者可以避免成为品行卑劣的人。家中开销虽然不算富有，却比我当年十多岁的时候好多了。但不要乱花一文，有多余的钱应该拿来救济家族中

的贫苦之人。只有推崇俭朴才能扩充对别人的仁爱，记住这些道理！

| 简注 |

①　禀：指下对上的报告。

②　进境：指学业进步的情况。

③　惠：仁爱。《说文》："惠，仁也。"《周书·谥法》："爱民好与曰惠。柔质慈民曰惠。"

| 实践要点 |

　　诸葛亮《诫子书》"俭以养德"一语影响深远，成为中国传统文化中关于修身齐家的名言。但是左宗棠的"崇俭以广惠"思考得更深远，他将节俭上升到广施仁爱的济世安民操作层面，由修身齐家的有限范围上升到治国平天下的广泛领域，是对"俭以养德"论的丰富和发展，为以节俭律己贯通修齐治平的行为提供了更为坚实的理论基础。因此，我们要从小培养孩子崇俭广惠的好习惯，家长和孩子要一起尽可能帮助别人、奉献爱心。无论是对于孩子当下的健康成长，还是对于孩子未来回报社会和家庭，都具有重要而深远的意义。

刘先生向颇专勤，待之宜厚。我曾教小学生，知先生之难且苦。学俸三节①致送，或时其缓急送之。尔母药饵不可少。尔辈衣无求华，食无求美，则当用之钱可不致缺矣。此时尚无外事分心，可勤苦学问，勿悠忽度日，最要最要。

三月十九日严州大营（字寄）

今译

刘先生教书一直很勤勉，在薪酬方面应该丰厚一些。我曾经教过私塾学生，知道塾师的难处和清苦。老师教书的费用在三个节日的时候送达，也可以根据老师花费需要的紧急情况及时送去。你母亲调养身体的药品不能节省。你们的衣着和食物不要追求华美，那么家里必要的花销自然就不会紧缺。现在你们还没有外面的俗事分心，要勤奋钻研学问，不要闲游浪费光阴，（这是）最重要最重要的。

简注

① 三节：中国传统习俗中人们看重的春节、端午和中秋三个节日。

哪些钱该用，哪些钱不该用，左宗棠都作了交代。对老师要尊敬，积极为母亲治病是孝顺，这些方面的花费不能省。在个人的吃饭穿衣方面只要达到基本水平即可，不能追求享受。他寄回家的钱不多，是经过大体计算的，能够满足家人的基本生活需求。在传承寒素家风的同时，他也在有意培养子女的当家理财能力，要他们分清用钱的轻重缓急，懂得量入为出。现在的父母也应该主动在金钱消费方面锻炼孩子，既不能一味满足，也不能一味节省。帮助孩子树立正确的消费观是促进他们健康成长的必修课。

与孝威（天下事不难办，总是得人为难尔）

孝威知之：

尔所寄书已览悉矣。山居①读书，得亲典籍、远尘嚣，乐何如之！此日足可惜，勿悠忽过去也。

所谓吾湘各人多不中用者，盖亦听言之未审②。然浙地艰危，人多裹足③，本地官绅又无足用者，筹饷诸务实无头绪。天下事不难办，总是得人为难尔。

五月三日（父谕）

| 今译 |

你寄的家书我收到了。在山间潜心读书，能够近距离亲近那些经典著作，远离喧闹的世俗生活，是多么快乐的事！应当好好珍惜这样宝贵的时光，不要闲游虚度让它白白流逝了。

我从湖南调过来的许多人都派不上用场，这是因为听了他人的言语而自己没有反复分析的缘故。然而浙江这边的局势艰难危险，许多人才都不愿来，本地的官员和乡绅又没有可以用得上的，目前筹措粮饷等事务实在让我不知道从哪里下手。天下的事情本来并不难办，难在找不到合适的人才。

/

① 山居：住在山中。

② 审：仔细思考，反复分析、推究。

③ 裹足：停滞不前。

| 实践要点 |

/

与孝威讨论浙江的艰难局势，检讨了自己在用人方面的失误，感叹人才难得。既让儿子了解父亲在外的不容易，也让他更加珍惜现在山中读书的宁静时光，鼓励儿子认真积累，刻苦磨砺，将来能做一名勇于担当的有为之才。

与孝威（亏体辱亲，不孝之大者）

霖儿知之：

闻尔今岁多病，心殊忧迫，思尔一见，而道远莫致①。又以浙江兵燹之后，继以饥馑②，加之疾疫俨同瘴乡③（委员④物故⑤者甚多），亦不欲尔急来，且俟杭城克服⑥再议。

| 今译 |

听说你今年多次得病，我心里特别焦急，很想见你一面，然而路途遥远不能让你过来。又因为浙江在战争之后接连出现灾荒，加上疾病流行如同瘴气肆虐之地（我所委派的人员去世的很多），我也不愿你现在匆忙过来，还是等到杭州收复之后再商量吧。

| 简注 |

① 莫致：莫，不能。致，到达。

② 饥馑: 荒年。

③ 瘴乡: 南方有瘴气的地方。

④ 委员: 被指派担任特定工作的人。

⑤ 物故: 亡故, 去世。

⑥ 克服: 收复。

| 实践要点 |

左宗棠出山许身社稷后基本不在家, 很少陪伴孩子, 唯有通过勤写家书与孩子们沟通大小事情。每一个孩子都是父母的心头肉, 他对儿子的爱与普通父亲并无二致, 是伟大而无私的。他为多病的儿子心焦, 希望看到儿子, 但又担心路上安全与环境恶劣种种问题, 心中十分矛盾, 一个为孩子考虑周全的慈父形象跃然纸上。

闻尔病根由倾跌受伤而起。现在读书高坡, 常由屋后山磡①跳掷而下, 不顾性命, 只贪嬉戏, 殊不可解。《记》曰:"孝子毋登高, 毋临深, 惧辱亲也。"亏体辱亲, 不孝之大者, 尔亦知之否乎? 吾年卅又五而尔始生, 爱怜倍切; 尔母善愁多病, 所举②男子惟尔一人, 尔亦念之否乎? 年已十八而举动如此, 与牧猪奴③何

┃ 今译 ┃

　　听说你生病是由跌倒受伤而引起的。你在高坡上读书，常常从屋后山崖上直接往下跳，连性命都不顾，只顾嬉戏贪玩，（我）非常不能理解。《礼记》里面说："孝子不要去高处攀爬，不要走近深渊，怕给双亲带来不善教子的恶名。"伤害身体并给双亲带来恶名，就是最大的不孝，你还知道这些吗？我三十五岁那年才有了你，所以对你倍加疼爱；你母亲多愁善感且体弱多病，只生了你一个儿子，你是否想过她对你的养育之恩与期盼之情呢？你已经十八岁了还有这样荒唐的行为，与赌徒有什么区别？你对自己的行为还感到羞耻吗？今后如果不能痛加悔改，我也不会再多管你了！

┃ 简注 ┃

① 磡（kàn）：山崖。

② 举：生育。

③ 牧猪奴：指赌徒。宋朱熹《观洪遵双陆谱有感》："只恐分阴闲过了，更

教人诮牧猪奴。"

　　孝威从山崖跌落而落下病根一事引发了左宗棠的雷霆之怒，他毫不留情地批评儿子，看似过于严苛，实则是警钟长鸣。《孝经·开宗明义章》说："身体发肤，受之父母，不敢毁伤，孝之始也。"珍爱自己的生命，是对父母最好的孝，也是自己去实现生命美好价值的前提条件。

　　青少年安全教育，向来是严肃的话题。因为小孩年幼，分辨能力和安全意识不强，家长不要等到悲剧发生了才意识到安全教育的重要性。危险都是在不经意中发生的，一方面，孩子自己要避免逞强逞能，玩一些危险的动作或游戏；另一方面，父母作为监管者，须从小在生活中给孩子灌输安全教育，在潜移默化中施加影响，让孩子尽早学会保护自己。

与孝威（浙民凋耗已极，当为谋及长久，以尽此心）

孝威知悉：

得十一月十日书，具悉尔母及尔体气均好，甚为欣慰。卫生丸极得力，内有参、茸，可取服之。秧参①力量较高丽参为佳，作丸药服之，亦好药饵。滋补究是无益，总要自己加意葆练②，庶③无他虑。"父母惟其疾之忧"一语时时体玩，是为至要！杭城不久可复，我意俟复杭城后，尔兄弟可侍尔母同来，禀商尔母以为何如？

| 今译 |

我接到十一月十日的家书，得知你母亲和你身体状况都好，我感到很欣慰。卫生丸的疗效很不错，里面有人参、鹿茸，可取用口服。秧参的功效比高丽参更好，可以制成丸药服用，也是不错的调补药品。（仅靠）滋补终究没什么效果，还是要自己多加保养和练习，或许才不会有其他担忧。"父母惟其疾之忧"这句话你要时时放在心上，这是最要紧的事！杭州城不久可以收复，我想等杭州城收复后，你们兄弟几个可以陪同你们的母亲前来探亲，你跟母亲商量一下看看这样

是否可以?

/

① 秧参: 即移山参, 移栽在山林中具有野山参部分特征的人参, 因其产量稀少而滋补效果显著。

② 葆练: 保养练习。

③ 庶: 但愿, 或许; 表示希望发生或出现某事, 进行推测。

| 实践要点 |

/

左宗棠一直为孝威的体质不佳而担忧。子女只有身体好才能不让父母担心, 才有能力去做孝顺父母的事情, 所以, 身体的保养和练习是非常重要的。

> 我本无宦情①, 杭、嘉、湖了妥, 当作归计。惟浙民凋耗已极, 当为谋及长久, 以尽此心。思欲流连一年半载②, 定其规画, 未知朝廷不遽调离此间否, 若闽中则匪我思存③矣。

我本来没有做官的意愿，等到杭州、嘉兴、湖州这边战事妥帖，我就打算回家。只是浙江老百姓民生凋敝到了极点，我想为他们将来的生计作长远打算，以尽我的一份心。我想在这里滞留一段时间，制定好（百废待兴的）具体规划，不知道朝廷会不会迅速将我调离此地，如果（调我去）福建则不是我心中所想要的。

| 简注 |
/

① 宦情：做官的志趣、意愿。

② 一年半载：一年或半年，泛指一段不短的时间。

③ 匪我思存：不是心中所想要的。

| 实践要点 |
/

对于外出为官，左宗棠一直没有大的野心，所以三试不第后绝意仕进，自号为"湘上农人"，为居住之宅取名为"柳庄"。之后离家当幕僚也是三番五次被邀请才答应的，其间又回家待过一段时间。他向儿子袒露自己身不由己的考虑，既让儿女知道父亲的不易，也借此让儿女认真思考自己未来的人生道路。

刘克庵、杨石泉①才德俱优，蒋芗泉②才气一时无两，幕中多谨饬③之士，尔来此学习，亦长才识。明年来时有余三表伯照料，亦可放心。我自病后，精气大减。始衰之年，复元不易，此后当日见衰颓④，故望儿辈来此，少为团聚，以娱我怀耳。

腊五夜富阳大营（谕）

| 今译 |

刘典、杨昌浚才能和德行俱佳，蒋益澧的才华更是同时代无人能及，幕僚中有许多处事谨慎的人，你来此学习，可以增长才干和见识。明年来的时候，有余三表伯照料，我也很放心。我自从生病后，精气神大大衰减。现在已经开始衰老了，要恢复精神颇不容易，以后身体和精神可能会越来越衰弱颓废，因此希望你们到营中来，（家人）若能稍稍团聚，也会让我快乐些。

| 简注 |

① 杨石泉：杨昌浚，字石泉，湖南湘乡人，师从罗泽南习经史。咸丰三年，从练乡团。三年调入湘军东征。后官至闽、陕总督。

② 蒋芗泉：蒋益澧，字芗泉，湖南湘乡人。少不羁，读书不第。咸丰三年投入湘军，后升任浙、粤巡抚。

③ 谨饬（chì）：严谨、谨慎。

④ 衰颓：（身体、精神等）衰弱颓废。

| 实践要点 |

终日忙于军政要务的左宗棠已步入老年，随着身体的每况愈下，平时畅快舒心的日子恐怕不多了。如果家人能在身边，将会是一种很好的慰藉，不过目前对于他而言，安享天伦之乐还是一种奢望。所以，他列举幕府中人才各自的优点，指出来到父亲身边既是家庭团聚，还有机会增长见识和才干，希望儿子能体会老父苦心，早日启程。

同治三年

与孝威（读书之宜预也，待兄弟总要尽其亲爱之意）

孝威知之：

　　读书养身，及时①为自立之计。学问日进，不患无用着处。吾频年兵事，颇得方舆②旧学之力。入浙以后，兼及荒政③、农学，大都昔时偶有会心，故急时稍收其益，以此知读书之宜预也。

　　尔母书来，言尔兄弟今年读书工课多荒，此大可虑。家居无酬应之烦，尚不及时为学，自甘与世俗庸人等，久之志趣日就污下④，并且求为世俗庸人而不可得矣。阿润资质太差，勋、同吾犹望其能读书，尔当督之。待兄弟总要尽其亲爱之意，"怡怡⑤"二字可时体味，劝勉之意多于训诫⑥，乃为得之。

　　　　　　　　　　　　　　　　　　　六月初十日杭州

| 今译 |

/

　　读书修养身心，把握好时机确定自己立身于世的策略。学问不断增长，不必担心以后没有用处。我多年带兵打仗，相当得力于从前积累的地方政事知识。入驻浙江后，涉及赈灾、农学等事务，大部分由于以前研习时偶有心得，所以紧急情况下能够派上一点用场，由此知道读书应该事前就有所准备。

你母亲来信，说你们兄弟近来功课荒废许多，这很让我担忧。在家里没有应酬的繁杂事务，还不能把握时机好好读书，而甘心将自己等同世俗庸人，久而久之品行和志趣就会越来越卑下，以至于连想当世俗庸人还当不了呢。润儿（孝宽）读书天分太差，我还指望孝勋、孝同能好好学习，你应该督促他们。对待兄弟要尽力表达亲密友爱的意思，"怡怡"（喜悦欢乐的样子）二字要时刻体会，以劝勉为主，少一点教训，这样才算可以。

| 简注 |

① 及时：把握时机。晋陶渊明《杂诗》之一："及时当勉励，岁月不待人。"

② 方舆：原指地理地物的分布及沿革，后引申为考证地名、行政区域划分、研究历史变迁等关于地理学的学问。宋欧阳修《省试司空掌舆地图赋》："穷人迹于遐域，包坤载于方舆。"

③ 荒政：为应付灾荒而采取的赈灾对策。

④ 污下：卑下，鄙陋。

⑤ 怡怡：形容喜悦欢乐的样子。

⑥ 训诫：教训或教条式地讲道理。

左宗棠教育儿子读书，注重实际生活的参与，反对泥古不化死读书。他以自己读书经历为例，因为早年研习政务、兵法、方舆、农学等经世之学，为他带兵打仗和治理地方奠定了良好的知识基础，所以，他认为读书应广泛涉猎各种知识，不应拘泥于现在是否用得上。提前掌握一些知识，说不定以后就能用上，以免出现"书到用时方恨少"的情况。

兄弟是人伦至亲，也是家族和谐、长久发展的基石。左宗棠指出，孝威作为哥哥应该为兄弟友爱起到引领作用，在生活上多照顾弟弟，在读书做人方面成为弟弟的楷模，积极营造喜悦欢乐的氛围。他还特别提出，对待兄弟应该鼓励多于苛责，以包容与友爱为主。这也说明左宗棠教子并不是一味的严厉，而是慈严相济，始终将对子女的爱放在第一位。确实，鼓励和赞美能带给孩子自信，与孩子平等沟通则能同他们成为亲密的朋友，但适当的严格要求才能让他们长成苍天大树，而刚柔相济的前提是践行爱的教育。

与孝威（少云光景原可不必作官）

霖儿知之：

少云光景原可不必作官，尔大姊不知外间作官苦楚，一意怂恿①，将来必有懊悔不及之日。前为致信篯翁②，今将其回信给阅，听其自打主意。

| 今译 |

少云（陶桄）目前的情形原本不适合做官，但你大姐不懂得体恤外面做官的艰辛与难处，只一味地从旁劝说鼓动，将来必定会有后悔不及的时候。前面我曾（为此事）写信给篯翁（骆秉章），现在将他的回信寄去传阅，让他们自己拿主意吧。

| 简注 |

① 怂恿：从旁劝说鼓动。

② 籥翁：骆秉章（1793—1866），原名骆俊，字吁门，后改字籥门，号儒斋，广东花县人。骆秉章自少勤学，道光十二年（1832）进士，选庶吉士，后被授为编修，迁移为江南道、四川道监察御史等职。因办事清正，深得朝廷信任。外官任湖北、云南藩司。道光三十年（1850），被任为湖南巡抚，入湘十载，位居封疆，治军平乱，功绩卓著。同治六年（1867）病逝，赠太子太傅，入祀贤良祠，谥号文忠。

| 实践要点 |

左宗棠出山后的仕途还是比较顺利的，但他一直不赞成家人从政，其中的苦楚，冷暖自知。对于大女儿和大女婿两口子的想法，他不赞成，是基于对长婿陶桄性格和能力方面的分析。

> 族中苦人太多，苦难普送。拟今岁以数百金分之，先侭①五服亲属及族中贫老无告者。尔可禀知二伯父酌量②，其银下次即寄归可也。二伯处送银二百两，已交袁升带来。
>
> 七月廿三日杭州（寄）

　　家族中生活贫苦的人太多，受苦受难的到处都是。今年打算拿出几百两银子分送大家，先尽量满足五服之内的亲人和家族中困苦无依的老人。你可以和二伯父（左宗植）斟酌商量这件事情，这些银两我下次便寄送回家。你二伯那里送了二百两银子，已经交给袁升带回。

| 简注 |

① 侭（jǐn）：力求达到最大限度，尽量。

② 酌量：反复斟酌考虑；估量。

| 实践要点 |

　　左宗棠虽然没有徇私为家族亲戚做事谋官网开一面，但是也没有忘记接济生活困苦的族人。他要求自己家中的生活开销维持最低标准即可，但是对五服亲属及族中贫老无告者还是尽可能多提供一点援助。

与孝威（带兵五年，不私一钱；任疆圻三年，所余养廉不过一万数千金）

霖儿览之：

接七月初十日书，具悉家中安好，新得一孙，足慰老怀。是月克孝丰[①]，可名之丰孙，所以志也。乳足则无须雇用乳母，不可过于爱之。吾家本寒素，尔父生而吮米汁，日夜啼声不绝，脐为突出，至今腹大而脐不深。吾母尝言育我之艰、嚼米为汁之苦，至今每一念及，犹如闻其声也。尔生时，吾家已小康，亦未雇乳媪，吾盖有念于此。少云欲以第六女配丰孙，尔母欲俟十岁后再议，此甚有见。十岁后男女俱长，吾如尚在，当为订之。

| 今译 |

接到七月初十日家书，得知家中一切安好，添了新孙，足以安慰我这个老年人的心怀。这个月收复孝丰县，可以给新添的小孙子取名为丰孙，以纪念这件

事。如果母乳足够就不要雇用乳母，不能过于溺爱。我们本是贫寒家庭出身，你父亲出生以后，因贫穷而只能喝米汁，日夜啼哭不止，以至于后来肚脐突出，到现在还是肚子虽大但肚脐不深。我母亲曾经说起养育我的艰难、嚼米取汁的困苦，现在每每回忆起这些，就好像你祖母的声音还在我耳边。你出生的时候，家中已达小康水平，但也没有雇请乳母，就是因为考虑到家中过去的做法。少云打算将他第六个女儿许配给丰孙，你母亲的意思是想等到十岁以后再定夺，我认为这非常有见地。十年之后，双方都长大了，如果我还健在，当会为他们的婚事做主。

简注

① 孝丰：孝丰县是浙江省湖州市安吉县地区的一个旧县名。其行政区域包括今天安吉县南部的孝丰镇等地，旧县城在今孝丰镇。

实践要点

爷爷为孙儿降临欣喜，同时不忘提醒儿子"不可过于爱之"，如果"乳足则无须雇用乳母"。为了讲清这个道理，他以自己小时候没有奶吃和孝威小时候虽然宽裕但也没有请乳母为例进行说明，并且再次强调家中的传统，希望传承好寒素家风。

壬叟入学，最为可喜。尔伯父望子甚切，而壬仅中人之资，得此固可塞责①耳。试馆②明岁可改造，义学③明岁可举行。究竟需钱若干，如何规画，尔来书不一言及何耶？义学之外尚须添置义庄，以赡族之鳏寡孤独④，扩充备荒谷以救荒年，吾苦力不赡⑤耳。带兵五年，不私一钱；任疆圻⑥三年，所余养廉不过一万数千金，吾尚拟缴一万两作京饷，则存者不过数千两已耳。浙事了后，当赴闽一行。以一年度之，尚可余廉泉数千。当请觐⑦北上，即决计乞休耳。约略言之，俾⑧尔知自为计。

| 今译 |

/

壬叟进入学堂是最为可喜的事情。你伯父对他寄予了厚望，而他只有中等的资质，（让他上学）已经尽到我们的责任了。试馆明年可以进行修缮改造，义学明年也可以办起来。（这两项）到底需要多少钱，该怎样计划，为什么你的来信没有提到一句呢？除了义学，我们还应该增设义庄，用来赡养族中孤独贫苦、无依无靠的人，增加备荒谷以便帮助族人度过荒年，但我苦于能力和财力不够。带兵五年，我没有存下一分一毫；担任封疆大吏三年，剩余的养廉银不过一万几千两，我准备上缴一万两充作朝廷军饷，剩下的也就数千两而已。浙江战事结束之后，我将去福建赴任。以一年的时间来计算，我还能省下几千两。我决定向圣上请求北上朝见，就是打定主意要告老还乡。我简略地和你说了这些情况，是为了让你知道应该怎么打算。

| 简注 |

————/————

① 塞责：尽到责任。

② 试馆：古代科举考试时各地应试的人居住的场所。

③ 义学：私人募集款项，为公众所设免收学费的学校。

④ 鳏（guān）寡孤独：孤独困苦、无依无靠的人。出自《孟子·梁惠王下》："老而无妻曰鳏，老而无夫曰寡，老而无子曰独，幼而无父曰孤，此四者，天下之穷民而无告者。"亦作"矜寡孤独"。

⑤ 赡：充足、富足。

⑥ 疆圻（qí）：边疆。借指封疆大吏。

⑦ 请觐：请求朝见君主。

⑧ 俾：使（达到某种效果）。

| 实践要点 |

————/————

放眼晚清官场，左宗棠无疑是一个两袖清风、廉洁奉公的典范。堂堂一名封疆大吏，经手的军饷税费不知多少，可真实情况是"带兵五年，不私一钱；任疆圻三年，所余养廉不过一万数千金"。这些养廉银，"吾尚拟缴一万两作京饷，则存者不过数千两已耳"。即便是这些规规矩矩的收入，他还要考虑在家乡改造试馆、举办义学义庄，根本没考虑为家人留下什么。他将自己对养廉银使用的计划和盘托出，正是在身体力行培育清廉仁爱的家风。

尔意必欲会试，吾不尔阻。其实则帖括①之学亦无害于学问，且可借此磨砻②心性。如只八股一种，若作得精切③妥惬亦极不易。非多读经书，博其义理之趣，多看经世有用之书，求诸事物之理，亦不能言之当于人心也。尔初学浅尝，固宜其视此太易。今岁并未见尔寄文字来，阅字画亦无长进，可见尔之不曾用心读书，不留心学帖，乃妄意幸博科第，以便专心有用之学，吾所不解。

曾记冯钝吟先生有云："小时志大言大，父师切勿抑之。"此为庸俗父兄之拘束佳子弟者也。若尔之性质不逾④中人，而我之教汝者并不在科第之学，自不得以此例之。且尔欲为有用之学，岂可不读书？欲轰轰烈烈作一个有用之人，岂必定由科第？汝父四十八九犹一举人，不数年位至督抚⑤，亦何尝由进士出身耶？当其未作官时，亦何尝不为科第之学，亦何尝以会试为事？今尔欲急赴会试以博科名，欲幸得科名以便为有用之学，视读书致用为两事，吾所不解也。大约近日颇事游嬉⑥，未尝学问，故不觉言之放旷⑦如此。

八月初六夜杭州（书寄）

| 今译 |

你打算参加会试，我也不阻拦你。其实潜心琢磨科举文章对增进学问原本无害，还可以借此磨炼人的意志和心性。就拿八股文来说，要作得精要贴切，也是极不容易的。若非多读经书，领悟书中的义理之趣，多看经世致用的书籍，探求各种事物之间的道理，也不能表述得契合人心。你初学八股文，研究并不深入，还没领会到其中的奥秘，想当然认为这很容易。今年都没有收到你寄来文章，看你写字也觉得没有什么长进，可见你平时并没有用心读书，也没有留心好好临摹古人的字帖，一心只想通过科举考试博取功名，还说这样今后就可以专心攻读有用之书，对你的这种说法我感到很不理解。

记得冯钝吟先生曾经说过："小时候志向远大，言论放旷，父亲和老师不要去约束。"这是庸常父兄拘束聪慧子女的情形。像你的资质不过中等水平，而且我教育你的用意也不是在科举功名上面，自然不属于他所讲的情况。况且，你想学些有用之学，难道可以不好好读书？如果想轰轰烈烈做一个有用之人，难道就一定要通过科举的道路？你父亲就是最好的例子，我四十八九岁还只是一个举人，不过几年时间就官至总督，又何尝是进士出身？就算是我没有做官的时候，又何尝没有钻研科举之学，又何尝将会试当作头等大事？现在你急于参加会试以博取功名，希图在侥幸获取功名后再致力于有用之学，将读书和致用视为两件不相干的事，我很不理解。可能是你近来一直在游手好闲虚度时日，未将心思放在学习上，所以才有了这些荒唐的想法和言论。

| 简注 |

/

① 帖括：唐制，明经科以帖经试士。把经文贴去若干字，令应试者对答。后考生因帖经难记，乃总括经文编成歌诀，便于记诵应时，称"帖括"。后来泛指科举应试文章。

② 磨砻（lóng）：磨炼；切磋。

③ 精切：精要贴切，精当切合。

④ 逾（yú）：超过，超越。

⑤ 督抚：总督及巡抚的合称。

⑥ 游嬉：游戏玩耍。

⑦ 放旷：放逸旷达。西晋潘岳《秋兴赋》："逍遥乎山川之阿，放旷乎人间之世。"

左宗棠在科举受挫后潜心研究经世致用之学，为他日后带兵打仗、处理各种突发的复杂问题、运筹帷幄而决胜千里之外奠定了良好的基础。因此，读书不以科举功名为重，崇尚践行和实用精神，便成为他教育子女的一项主要内容。

孝威来信说目前要将主要精力和心思放在通过参加科举考试博取功名，希冀在侥幸博取功名后再钻研有用之学，对此左宗棠持强烈的批判态度，认为这是无知妄言。左宗棠认为帖括之学和经世致用之间并不矛盾，相反，还是一贯相通的。虽然自己在科举道路上走得不顺，也不希望下一代汲汲于科举功名，但是他指出写好科举文章同样需要厚积薄发，以领会义理、积累知识、训练思维和磨炼心性，其中也蕴含着有用之学，并没有否定科举文章的价值所在。所论公允，有一定的见地。因此，他以自己的亲身经历为例，要求子女不能只为了科举功名而读书，不能认为帖括之学是无用之学，不能轻视帖括之学，不能将钻研写好科举文章与钻研有用之学截然对立起来，更不能说出要先应试科举博取功名然后才能专心钻研有用之学的无稽之谈，而是要求子女将掌握帖括之学与研习有用之学好好结合起来，不能偏废帖括之学和有用之学，做到珍惜时间、心无旁骛、融会贯通、举一反三。左宗棠作为一名科举应试不成功人士而能体会出这种通达和远见，颇为难能可贵。正所谓开卷有益，人类文明史上累积的所有知识和学问对个人成长和社会实践都是有价值的，知识和学问之间都是相通的，都有益于训练大脑的思考能力，有利于养成学习者的价值取向。其实并没有"有用"和"无用"、"实用"和"务虚"之分，关键在于如何去学习、理解和运用，重点在于不要成为生搬硬套读死书的"书呆子"。这种有关应试教育的认识，对于现在一些"重理轻文"、"重热门轻冷门"、"重专业课程轻通识教育"的部分家长来说，也是大有启示的。

与孝威（天道非翕聚不能发舒，人事非历练不能通晓）

孝威知之：

尔抵杭后，闲谈日多，读书日少。言动之间童心未化，虽无大谬可指，却无佳处可夸。窥其心之所存，不免有功名科第之念。此在寻常子弟亦不为谬，然吾意却不以此望儿也。

自古功名振世①之人，大都早年备尝辛苦，至晚岁事权到手乃有建树，未闻早达而能大有所成者。天道非翕聚②不能发舒，人事非历练不能通晓。《孟子》"孤臣孽子③"一章，原其所以达之故在于操心危、虑患深，正谓此也。儿但知吾频年事功之易，不知吾频年涉历之难；但知此日肃清④之易，不知吾后此负荷⑤之难。观儿上尔母书谓"闽事当易了办"一语，可见儿之易视天下事也。《书》曰："思其艰以图其易。"又曰："臣克艰厥臣。"古人建立丰功伟绩无不本其难其慎之心出之，事后尚不敢稍自放恣，则事前更可知矣。少年意气正盛，视天下无难事。及至事务盘错⑥，一再无成，而后爽然自失⑦，岂不可惜？

你到达杭州后，每天闲谈的时间多，用来读书的时间少。言行举止之间，还有童心未泯的稚气模样，虽无大的过错，但也没有特别值得夸奖的地方。仔细琢磨你的心思，觉得你仍存有通过科举及第博得功名的想法。这对一般读书子弟来说，原本没有什么不妥当的，但我并不希望我的子女将主要心思放在功名上。

自古能建立赫赫功勋的人，早年大多历经坎坷磨难，到晚年才有所建树，很少听说年少时期天资聪颖，长大后能成就一番大业的。世间万物成长的规律在于没有经过深厚的积淀不能展露发舒，没有经过后天的不断学习和历练是不能通晓世事的。《孟子》的"孤臣孽子"一章指出，一个人之所以成功的原因在于，处境不好的时候能够怀抱深重的忧患意识，考虑问题比较深远，正是这个道理。你只知道父亲这几年建立功勋的容易，但并不知道我这些年所经历的曲折艰辛；你只看到今日我平定战乱的容易，却想不到来日责任在肩的困难。看到你给你母亲的书信中，有"闽事当易了办"（福建的战事应当容易解决）的字句，可见你把天下的事情想得太容易了。

《尚书》里说："思其艰以图其易。"（做事情，要先想到过程的艰辛，结果才能简易有成效。）又说："臣克艰厥臣。"（做臣子的想到做臣子的不容易，才能将事情做好。）古时候成就一番功业的人，没有一个不是时刻想到所做之事的困难、时时考虑谨慎行事才成功的，成功之后仍不稍微放纵自己，则任事前的谨慎和忧患就更加可想而知了。少年热血方刚，意气行事，总是把天下的事情想得过于容易，这也是常理。不过，等到后来跨入社会以身任事时，发现世事盘根错节，处理起来力不从心，以至一事无成，到时候后悔又有什么用呢？

| 简注 |

/

① 振世：振动社会，指功劳卓著、名声显赫的人。

② 翕聚：聚合在一起。翕，合。

③ 孤臣孽子：比喻遭遇艰难困苦的人。语出《孟子·尽心上》："人之有德慧术知者，恒存乎疢（chèn，热病）疾。独孤臣孽子，其操心也危，其虑患也深，故达。"孤臣，封建朝廷中孤立无援的远臣。孽子，妾所生的庶子。

④ 肃清：削平乱事，整饬纲纪。

⑤ 负荷：重担与责任。

⑥ 盘错：盘旋交错，比喻事情错综复杂。

⑦ 爽然自失：失意茫然，不知所措。

| 实践要点 |

/

左宗棠认为但凡事业有成者早年必须经历艰辛磨砺后才有所成，这是《孟子》"孤臣孽子"一章所讲的道理。他坚持"做官要认真，遇事要耐烦"，紧守一个"慎"字，所以在出山后方能处理各种复杂的局面，应对各种难题，逐步取得成功。他发现孝威没有认识到父亲在福建征战的艰辛，儿子阅历不深且认为世上的事情容易解决，所以语重心长地要儿子怀抱谨慎之心，希望他明白"思其艰以图其易""天将降大任于斯人也，必先苦其心志，劳其筋骨"的道理，不能年轻气盛而把人间事看得太容易。

"少年心事当拿云"，年轻人充满自信可以理解，但是在自信的同时，更要明白"看事容易做事难"，临阵磨枪、准备仓促和志大才疏而最终一事无成的例子数不胜数。所以，一个人在着手处理事情时，要经常保持谦卑、低调、谨慎的态度，切勿认为这是小事、简单的事和容易的事，应该在做事之前先充分想到种种困难和挑战，不断磨砺自己的韧性。只有将简单的小事做好，循序渐进，积累经验和实力，才能在重任在肩和经受挫折之时，从容应对各种事务乃至建功立业。

> 至科第一事无足重轻，名之立与不立，人之传与不传，并不在此。儿言欲早得科第，免留心帖括，得及早为有用之学。如其诚然，亦见志趣之不苟，然吾不能无疑。科第之学本无与于事业，然欲求有以取科第之具，则正自不易，非熟读经史必不能通达事理，非潜心玩索必不能体认入微。世人说八股人才毫无用处，实则真八股人才亦极不易得。明代及国朝乾隆二三十年以前名儒名臣有不从八股出者乎？罗慎斋①先生以八股教人，其八股亦多不可训，然严乐园②先生从之游，卒为名臣。尝言，得力于先生，在一"思"字。盖以慎斋教人作八股必沉思半日然后下笔，其识解必求出寻常意见之外乃首

肯也。今之作者，但知涂泽③敷衍，揣摩腔调，并不讲题中实、理、虚、神、题解、题分、章法、股法，与僧众诵经念佛何异？如是而求人才出其中，其可得哉？儿从师学时俗八股尚未有成，遽④望以此弋取⑤科第，所见差矣。至谓"俟得科第后再读有用之书"，然则从前所读何书？将来更读何书耶？如果能熟精传注，则由此以窥圣贤蕴奥⑥亦复非难。不然，则书自书，人自人，八股自八股，学问自学问，科第不可必得，而学业迄无所成，岂不可惜？试细思之。

| 今译 |

/

至于科举功名，我认为无关紧要。能否成就功名，能否流芳后世，并不全在于科考。你的意思是及早考取功名，那么就不用一直留心学习八股科举文章，而可以腾出更多的时间来学习经世致用之学。如果真的是这样，也可说明你的志趣不同流俗，但是，我对你的这个想法不能没有疑惑。科举考试和成就人生功业之间本来没有必然联系，但是一个想要建功立业的人，如果计划先通过科举博取功名，也是很不容易的，没有熟读经史则必然不能通达事理，没有潜心钻研帖括之学则必然不能对其中的精义体认入微。

世人都说会写八股文的人才没有什么可取之处，但我认为真正会写八股文的人才极为难得。从明代算起，直到本朝乾隆二三十年以前那些有名望的儒家学者、有名的大臣，哪一位不是从八股取士这条道路上脱颖而出的呢？罗慎斋先生教学生八股文，却不把学生束缚在科举功业上。但严乐园师从他学习，却成为一代名臣。他曾经说，自己得益于先生的在一个"思"字。慎斋先生教人作八股文，要求必须思考半天后才能下笔，且立意角度必须突破寻常人的想法，才能得到他的肯定。而如今的八股文作者，只知道敷衍了事，揣摩一些时下流行的腔调而已，却不把深入研究题目中所包含的义理、虚实、主旨、神韵、题解、章法、布局等等放在首要位置，这与庙中和尚有口无心地念经又有什么差别呢？想要通过这种方法找到人才，怎么可能呢？你跟着老师学习时下流行的八股文写作，尚且没有取得很大的进步，却想拿八股文写作来博取功名，这种想法很不应该呀。

至于你所说"等到获取功名后再读有用的书"，那你从前读的都是什么书呢？将来又准备打算读什么书呢？如果你能熟读经史以及后人为它们所做的注疏，由此体会圣贤思想的精义奥妙，也不是难事。不然的话，书还是书，你还是你，八股文还是八股文，学问还只是书本上的学问，功名也不一定能考取，而自己的知识和学问并没有增进，难道不可惜吗？你应当认真思考思考。

| 简注 |

① 罗慎斋：罗典，字徽五，号慎斋，湖南湘潭人。乾隆丁卯（1747）举乡

试第一，辛未（1751）进士，授编修擢御史，历官鸿胪寺少卿。归主岳麓书院讲席二十七年，卒祀乡贤祠。著有《凝园五经说》及诗文集。

② 严乐园：严如熤，字炳文，一字苏亭，号乐园，湖南溆浦人。曾就读岳麓书院，清地理学家。湘黔边苗民大起义时，撰《苗防备览》，说明苗疆地理形势，苗俗风习，提出对策。嘉庆五年应试孝廉方正科，上《平定川楚陕三省方略策》，得仁宗赞赏，拔为第一，授陕西洵阳知县，参与镇压白莲教，因军功迁定远厅、潼关厅同知。嘉庆十四年升汉中知府。他兴劝农事，推行区田法，教民纺织，创办社仓、义学。又筹划水利，修复山河、五门、杨坝诸堰，灌田数万顷。道光五年升贵州按察使，明年复调陕西，因患病，归卒于家，赠布政使。纂《洋务辑要》《苗防备览》《三省边防备览》，指陈形势，规划兵旅，了如指掌。有《汉中府志》《乐园文钞诗钞》等著述传世。

③ 涂泽：原指化妆，修饰容貌。这里指修饰文章。

④ 遽（jù）：遂，就。

⑤ 弋（yì）取：原意指用带绳子的箭射鸟，这里指获得、获取的意思。

⑥ 蕴奥：精深的涵义。

| 实践要点 |

/

左宗棠对于儿子的读书方法，逐条分析，并提出了批判。对孝威提出的"先考取功名，那么接下来就可以多读经世致用、有益于实际生活的书"的观点，他认为这明显存在逻辑上的问题。对于八股文，左宗棠有着异于常人的透彻见解，替被时人误解的八股文"正名"。他认为八股文不是凭一腔热血和想象就能学好的，真正八股文章写得好的人，须有真才实学，必须对圣贤经典熟读深思，形成自己的领悟和见解后，笔下才能流淌出好文章。

他列举的事实有两条：其一是从明代到清代乾隆三十年以前的名儒名臣都是从八股取士这条道路上脱颖而出的；其二是岳麓书院山长罗典教学的事例：罗典教书院学生写好八股文，并不只是为了博取功名，而是从中培养经世致用的人才，结果培养出诸如严如煜这样经世致用的"天下第一知府"（嘉庆皇帝的赞语）和著名地理学家。可见，研习八股文需要花费大量的心血才能写好，同样有益于世用，不能认为只是博取功名的敲门砖。左宗棠这么教导儿子，是希望儿子能沉下心来消化和理解儒家传统文化典籍，它们既是八股文的出题范围，也是获取真知的途径，并不冲突。作为今人，我们也要正视八股文的积极作用，需从《四书五经》等中国传统文化的丰厚遗产里汲取有益的营养。

至交游，必择其胜我者，一言一动必慎其悔，尤为切近之图。断不可旷言高论，自蹈轻浮恶习！不可胡思乱作①，致为下流②之归！儿当谨记吾言，不复多告！

十月二十九日富阳舟中（谕）

在交朋友这件事上，必须选择比我优秀的人做朋友，必须谨言慎行，避免做出让自己后悔的事情，这些都是与人交往中特别需要记住的稳妥可靠的方法。在公开场合，切不可高谈阔论，不可沾染纨绔子弟的不良习气！不可胡思乱想，任意而为，让自己成为堕落、猥琐之人！你当牢记我的教诲，我就不多说了！

| 简注 |

① 胡思乱作：随意根据自己的臆想，而做出行为不妥当的事情。
② 下流：卑鄙龌龊，也指人品的末流。

| 实践要点 |

人以群居，物以类聚，周围的"朋友圈"，就是你周围的生活环境。对于意志力不够坚定的大多数人来说，环境既可以造就人，也可以毁灭一个人。《论语》中的表述为"无友不如己者"，杨伯峻先生翻译为"不要跟不如自己的人交朋友"，值得我们深思。

左宗棠希望儿子交友能秉承孔子在《论语》中的训导，向比自己优秀的人学习，互为榜样，彼此之间取长补短，共同提高。《孔子家语》中说："与善人居，如入芝兰之室，久而不闻其香，即与之化矣；与不善人居，如入鲍鱼之肆，久而不闻其臭，亦与之化矣。"讲的也是这个道理。需要指出的是，孔子重在强调交友选择中道德学问方面的因素，强调的是选择交往对象和所处环境对一个人的影响，并非一种功利势利的交友观和看不起周围不如自己的人，否则他也不会说"三人行必有吾师"这样的话，所以在践行"无友不如己者"和"至交游，必择胜我者"这种择友观时不要理解错误，避免误入歧途。

与孝威（天道非禽聚不能发舒，人事非历练不能通晓）

229

与周夫人（督饬诸儿及家人妇子，格外谨严）

比因洪福瑱①就禽，仰荷②朝廷论功行赏，宗棠亦忝膺③五等之封，并赐名曰"恪靖"。再疏固辞，未蒙俞允。自惟薄劣④，遭值圣明，懋赏⑤频颁，实惭非分。此皆先世积累之厚，郁极而兴，乃独钟于宗棠之身。大惧发泄⑥太甚，盈满为灾，使吾祖宗之泽，至吾身而损坠，则罪大矣。夙夜兢兢⑦，实不敢有一毫喜色。愿夫人深喻此心，督饬诸儿及家人妇子，格外谨严，绝不可因改换门庭⑧，日趋奢侈，致忘却本来面目也。

今译

最近由于太平军幼主洪天贵福束手就擒，承蒙朝廷论功行赏，我有幸接受了五等爵位之封，赐封爵位"恪靖"。我两次上书坚决推辞，都没有得到皇帝的允许。我自认为德才低劣，却多次得到圣明皇帝的勉励和褒奖，实在让我感到惭愧，这已经超过了我应得的。我认为这些都是先祖世代积累的福泽，他们愁苦到了极点才开始转向兴盛，幸运的果实恰好降临到我的身上。我非常害怕我的幸运太多太盛，事物盛极便会转向衰败，功名盈满便会转为灾难，假如折损了祖宗的世泽，到我这里而门庭衰落，那我的罪过就太大了。我整天都小心谨慎，实在不敢表露出一丝一毫的喜色。希望夫人能够切实理解我的这份用心，督促儿子媳妇们，为人处世要特别谨慎，严格要求自己，绝对不能以为我被封侯就生活越来越奢侈，以至忘记了自己原有的情形。

| 简注 |

/

① 洪福瑱（tiàn）：洪秀全的长子，太平天国的幼主，后改名为洪天贵福。

② 仰荷：敬领，承受。

③ 忝膺（tiǎn yīng）：谦辞，惭愧地接受。

④ 薄劣：低劣，拙劣。

⑤ 懋（mào）赏：奖赏以示勉励；褒美奖赏。

⑥ 发泄：放散出来。

⑦ 兢兢：小心谨慎的样子。

⑧ 改换门庭：改变门第出身，以提高身份地位。

| 实践要点 |

/

左宗棠因军功迭升，以至被封为"恪靖伯"，可谓荣宠至极。但他始终保持谦卑之心，认为这是先祖克己患难积累福泽，才有家族今日的余庆。他视名誉为一把悬在头顶的利剑，除了督促自己砥砺奋进，还要提防它会成为伤害毁灭家族的"达摩克利斯之剑"。因此，他特别提醒夫人，要告诫督导儿子们严格要求自己、洁身自好、淡泊名利，切勿因为父亲位极人臣的声望，而忘记了自己寒素的出身，方能无忝其祖，传承清白家风。

同治四年

与孝威（惧家族由盛转衰）

谕孝威知之：

日间潜心读书、写字、作试帖，须自立工课，有恒无间，自有益处。意念宜沉静①收敛，所有妄言妄动须日一检点。能自知有过则过亦少，知有过而渐知愧改则业自进。

吾家积代寒素，至吾身而上膺②国家重寄，忝窃③至此，尝用为惧。一则先世艰苦太甚，吾虽勤瘁半生，而身所享受尝有先世所不逮④者，惧累积余处将自吾而止也。二则尔曹学业未成，遽忝科目，人以世家弟子相待；规益之言少入于耳，易长衿夸之气，惧流俗纨绔之习将自此而开也。爵赏⑤之荣，两疏固辞，未蒙鉴允⑥，自不敢再有陈奏。然忧患之念，日积怀来矣。

乙丑正月初八日延平行营（封发）

| 今译 |

你平日多将心思放在读书写字上，每天的功课按时完成，坚持不懈，学问自

然就能进步。日常生活中，念头要沉稳娴静，常加约束，一言一行必须每日检点。人贵有自知之明，常常反省自己就能减少过失，看到自己的过失而感到惭愧并慢慢改正，修养自然而然就提高了。

我们家几代都是贫寒的读书人，到我这里则有幸身居高位而接受国家赋予的重任，我战战兢兢，如履薄冰，常常畏惧不已。一来，先祖生活太艰苦，虽然我半生处于勤劳忧患之中，但所享受到的功名富贵已经是先辈远远不能比及的，我担心先祖们积累的福泽到我这一辈将消耗殆尽。二来，你学业未成，却已获得了科名，别人多以世家弟子的礼遇来夸奖你；规劝的声音自然就不太听得进去了，这容易滋长傲慢骄矜的习气，所以我担心我们家顺应流俗和纨绔子弟的习气将从这里开始，这是我最不愿意看到的。朝廷赐予的荣耀，我两次上书坚决推辞，却没有得到皇帝的应允，因此不敢再次上奏陈请推辞。但我对于家族福泽不能绵长的忧虑，却一天比一天深重。

| 简注 |

/

① 沉静：沉稳娴静。

② 膺：接受，承当。

③ 忝窃：谦辞，是说自己获得了不应该有的高位和名声。西晋羊祜《让开府表》："且臣忝窃虽久，未若今日兼文武之极宠，等宰辅之高位也。"

④ 不逮：不及。

⑤ 爵赏：爵位的封赏。

⑥ 鉴允：敬词，表示请求对方明察并准许。

| 实践要点 |

左宗棠多次在家书中提及，自己出身贫寒，并非高门望族，三次会试落第之后，无意仕进，但时值危乱，在错综复杂的内外矛盾交织的时局下，临危受命，终成一代社稷重臣。他将这一切看成是先辈积善修德累积的恩泽。身居高位的他更加清醒地考虑到家族的盛衰，担心"水满则溢，月盈则亏"，所以谆谆告诫子弟勿学衿夸纨绔习气，要"慎交友，勤耕读；笃根本，去浮华"，人人自食其力，不坠寒素家风，以使家族兴旺。

现实中，他在日渐忧虑的同时尽力践行。在"艰阻万分，人人望而却步"之际，"独一力承当"，决心"受尽苦楚，留点福泽与儿孙，留点榜样在人间"。他自警自励："在军中作一日是一日，作一事是一事，日日检点，总觉得自己多少不是、多少欠缺。"听说儿辈要为他过六十大寿，便晓谕他们："贫寒家儿，勿染脑满肠肥习气，令人笑骂。"诸如此类的言行很多，可见他不尚空谈，以身作则，表里如一。

与孝威（少交游，内重外轻则寡过）

孝威知之：

会试后在寓所读书写字，勿时出外。尔年尚少，正立志读书之时，非讲交游结纳①时也。同人晏集②时，举动议论切勿露轻浮光景，勿放浪高兴（少应酬为要）。时时提起念头检点戏言戏动，内重则外轻③，而过自寡矣。

正月廿八日（父字）

| 今译 |

会试结束后，你应该在家潜心读书，不要经常外出交际。你年纪还小，现在正是立志读书的宝贵时期，而不是应酬结交朋友的时候。参加同龄人的宴会时，言行举止要符合礼仪和风度，千万不能有轻浮的举动，不能一高兴就得意忘形（切记以减少应酬为原则）。要时刻提醒自己检点不庄重的言行，注重义理则轻视名利，过错自然就少了。

简注

① 结纳：结交。

② 晏集：会聚宴饮。

③ 内重则外轻：内心看重义理则向外轻视名利。语出宋代理学家邵雍《皇极经世·心学篇》："人必内重，内重则外轻。苟内轻必外重，好利好名，无所不至。""理义，内也。利名，外也。内外轻重，常相为胜。若以名利为好，外重内轻，何所不至矣？"

实践要点

年轻的孝威第一次赴京参加会试，走出家乡湖南来到繁华的京城，自然会遇到很多新奇的人与事，免不了与学子、同乡的交游，虽说可以借此拓宽视野、扩大知名度，但是确也会浪费时间。左宗棠不是禁止儿子交游，而是担心初入京城的孝威沉迷其间耗费时日而无所得，因此希望他减少质量不高的交游，不要经常外出交游，注重修炼内在心性而轻视外在名利。即使是交游，也要戒除轻浮放浪，夯实修身立言的义理之本，避免虚度这段积学储才的黄金时期。其中恐怕也有自己当年会试时的教训与自省吧。

与孝威（给长辈写信应注意礼节）

孝威知之：

昨见福建折弁①赍回《致徐中丞②书》，我以尔所寄家信在内，故径自拆视。见字画草率，多用行体。称谓款式均不妥协，殊为不取。树人先生年已七十又四，较我长二十岁。我虽同官③，尚时存谦逊之意。尔致信宜用红单小楷，外用全书，上写愚侄。如照都中款式，即用大单片亦可。初次通信，尤宜加慎，岂可任意草率，失敬礼之意？岂惟致书督抚宜然，即凡同乡、外省与我同官者，肯交情者，尔均宜执子侄之礼，不可稍形倨傲④。不独世故宜然，即论读书学礼，亦应如此。自卑以尊人，敬父执⑤之道，尤所当讲也。有人求写信寄当事者，都宜谢绝，以向无往来，或奉严谕不准预闻外事谢之，人亦不怪。总之，一举笔，即当十分敬慎，免留话柄⑥，免招尤悔⑦。

三月十三日延平大营（封发）

　　昨天见到福建官差顺路带来你的《致徐中丞书》，我以为你所寄家书在里面，就直接拆开看了。我看见你书写潦草，多用行书。信中的称谓和格式都不妥当，我认为十分不可取。树人先生今年已经七十四岁了，比我年长了二十岁。我和他虽然在朝的官职名位相同，但我对他还是时常保持谦逊的态度。你给他写信，应该用红单小楷书写，书信外面的称呼用全称，落款用愚侄。如果按照京城中流行的款式，用大单片也可以。初次给他写信，你尤其应该小心谨慎，岂能潦草对待而没有一点敬意？不仅仅给总督巡抚一级的长辈写信应该这样，即使是你写给同乡或外省中与我官职名位相同的长辈，别人如果愿意和你交往，你都应该执子侄辈的礼节，不能够流露出一丝一毫的骄傲自大。不单单在这些人情世故上应该保持谦逊敬慎之心，即使是读书学礼，也要这样。在身份上，以谦卑的姿态表示对他人的恭敬，敬重父亲的朋友，这是我特别应当对你强调的。如果有人写信给你，希望通过你来找我或其他当事人，你都应该委婉而明确拒绝，就说自己与当事人向来没有交往，或者家父一贯严格规定我不能干涉家庭以外的事情，这样将道理讲清楚了，别人也不会在心里怨恨你。总而言之，每当提笔写信，就应该十分谨慎而充满恭敬的态度，以免给人留下话柄，以免带来过失和悔恨。

① 折弁（biàn）：古时称专为地方大员送奏折到京城的邮差为折弁。他们

在办公差的时候，顺便为人传递家信。弁，古时候的一种低级军官，或军官的侍从。

②徐中丞：徐宗幹，字伯桢，又字树人。江苏南通人。嘉庆二十五年进士，先后在山东、福建任职。同治元年至五年任福建巡抚。清朝对巡抚尊称为"中丞"，故称徐中丞。

③同官：官职名位相同。当时左宗棠任浙江巡抚，徐宗幹为福建巡抚。

④倨傲：骄傲自大。

⑤敬父执：敬重父亲的朋友。

⑥话柄：被人拿来做谈笑的言行或行为。

⑦尤悔：过失与悔恨。语出《论语·为政》："言寡尤，行寡悔，禄在其中矣。"

| 实践要点 |

在这封家信中，左宗棠严厉批评了儿子给福建巡抚徐宗幹的书信中在格式上表现出的不恭敬，耐心给孝威讲解写信要注意的礼仪，从称呼、字体到纸张的选择，都一一加以指导。同时举一反三，告诉儿子在诸如此类的书信交往和待人之道上应该注意的事项，特别强调不要替人向父亲说情谋事。可见他家教的严格与细心，也可看到一位远隔关山的父亲，即使军政繁忙，也不忘抓住点滴机会密切关注子女的健康成长。

人无礼不立，事无礼不成。中国是礼仪之邦，最重礼节，最崇礼制。崇尚礼仪是律己敬人的表现，它渗透在社会生活的每一个方面。左宗棠虽身居高位，但他教导儿子，作为晚辈，对待父亲的同事和朋友，要秉持恭敬和谦卑之心，放低自己的位置。做一个"懂礼"的谦谦君子，最重要的是内心保持恭敬，然后才能将这种恭敬转化到行动上来，做人做事才会依礼而行，不逾越规矩。他耳提面命的良苦用心，无形中能起到潜移默化的作用，让孝威将礼的观念根植于内心，并成为日常行为的基本准则。今天的父母也应该以身作则并教会孩子吸收传统文明礼仪的精华部分，古为今用，学习恭敬地对待长辈，谦逊地与身边的人相处，争取人人都成为一名文质彬彬的君子。

与孝威（不可轻言时政得失和人物臧否）

谕孝威知之：

　　尔榜后已分何部？少年新进，诸事留心考究，虚心询问，借可稍资历练，长进学识。切勿饮食征逐，虚度光阴。每日读书习字，仍立功课，不可旷废间断。闻王老师清俭①耐苦，人品心术甚为人所莫及，尔可时往请其教益。总要摆脱流俗世家子弟习气，结交端人正士，为终身受用，勿稍放浪②以贻我忧。时政得失、人物臧否③，不可轻易开口。少时见识不到，往往有一时轻率致为终身之玷④者，最须慎之又慎。

闰月初七日漳州大营

｜　今译　｜

　　科举考试放榜后，你被分到了哪一部？你是少年登科，凡事要多留心，虚心向他人求教，借这样的机会增进自己的学识，增长见识。千万不要将心思放在宴请应酬和频繁交往上，以免浪费光阴。每天读书写字，仍然要像以前一样完成每天的功课，不可荒废间断。听说王老师为人十分清廉俭朴，能吃苦，道德人品都非寻常人所及，你可多去向他请教。一定要摒弃世家子弟轻浮不实的不良习气，与品行端正的人交朋友，互相切磋学习，这样才会终身受用，不可稍有放浪让我替你担忧。关于时政得失和对他人的品头论足，要少发表意见，少参与议论，免得祸从口出。少年时期见识浅陋，往往会出现因一时的轻率举动而造成终身的污点的情形，这是必须慎之又慎的。

| **简注** |

／

① 清俭：清廉俭朴。

② 放浪：放纵不受拘束，行为不检点。

③ 臧否：褒贬、评论的意思。

④ 玷（diàn）：原指白玉上的斑点，这里指行为上的污点。

| **实践要点** |

／

在京城的儿子时刻牵动千里之外父亲的心。除了继续教导孝威要持之以恒完成日课、多向人品高尚的师友请教和少交游外，他在这封信中还特别告诫儿子不要逞一时口舌之快，而留下终身的遗憾。

少年轻狂、指点江山、好为大言，这是年轻举子们的通病。尤其是一群在京城会试的举子，初出茅庐，历练不足，却自诩满腹经纶，纵览古今，感觉自己要从"十年寒窗无人问"的状态进入"达则兼济天下"的阶段了，因而怀有满腔的入世热情，认为天下事不过尔尔，特别对时政得失和人物臧否感兴趣。殊不知，从书本到实践，从纸上谈兵到躬行入局，还有一段漫长的路要走。更何况，枯坐书斋的读书人对世事人情的体会是非常有限的，似懂非懂和一知半解的时候恐怕居多。在左宗棠生活的那个帝王统治时代，还是按照孔子所教导的"敏于行而讷于言"为妙，免得祸从口出后一世悔恨。

从当前东西方文化的比较看来，受儒家文化熏陶的学子往往不善于表达，甚至课堂提问和小组讨论时也不活跃，这也是需要注意的情况。所以，父母们要鼓励子女合理表达，积极思考什么时候该说，该怎么恰当地说。比较理想的情况是：在轮到自己发表意见时认真说，不要不分场合随便乱说；说的时候要言之有据，理由不充分的言论尽量不说或少说；在可以说的情况下，只要不是人身攻击和抱有偏见，则可畅所欲言，特别是开始"头脑风暴"的时候，则更加需要大胆地说了。

与孝威（不以仕宦望子弟，望诗书世泽引之弗替）

孝威知之：

我生平于仕宦一事最无系恋慕爱之意，亦不以仕宦望子弟。谚云："富贵怕见开花。"我一书生忝窃至此，从枯寂至显荣不过数年，可谓速化之至。绚烂之极正衰歇之征，惟当尽心尽力，上报国恩，下拯黎庶①，做我一生应做之事，为尔等留些许地步②。尔等更能蕴蓄培养，较之寒素子弟加倍勤苦力学，则诗书世泽③或犹可引之弗替，不至一日渐灭殆尽也！

| 今译 |

／

我平生对于仕途升迁一事最没有留恋爱慕之意，也不在博取功名富贵方面对子弟寄予厚望。谚语说："富贵怕见开花。"（人在富贵的时候怕见到鲜花盛开。）我本一介书生，有幸能官居高位，从寂寂无闻到显贵亨通不过短短数年的时间，可以说是非常快了。世间万物绚烂达到巅峰的时候，正是将要走下坡路的征兆，我所能够做的唯有竭尽所能，将安邦定国视为我的使命，向上报效国恩，向下拯救黎民，做我一生应做的事，为你们留些余地、攒集些福泽。你们如果更能积累培养德行学识，相比寒门子弟，加倍勤奋用功，那么我们家族世代形成的诗书传家的遗泽，或许就能够流传下去而不被其他风气所替代，不至于有朝一日将其折损耗尽了！

| 简注 |

① 黎庶：百姓。

② 地步：指言语、行动留下的可以回旋的地方；余地，空间。

③ 世泽：祖先的遗泽。主要指地位、权势、财产等。语出《孟子·离娄下》："君子之泽，五世而斩。"

| 实践要点 |

这里短短一段，表明了左宗棠的两个观点：一是"不以仕宦望子弟"。他自己曾经三次参加会试，后来因为科考之路坎坷而放弃，专心经世致用之学，不料却因军功立享尊荣。即使身居高位，他还是希望子弟不要汲汲于仕宦，而是要勤苦力学，诗书传家。二是希望依靠自己尽心尽力地报国为民而使家族长盛不衰。他担心家族由盛转衰，所以从自身和子女两个维度进行努力，一方面希望通过自己的尽忠报国为子女积善修德，《周易》谓"积善之家，必有余庆，积不善之家，必有余殃"，力图打破"富不过三代"的魔咒；另一方面希望子女比普通的寒素人家还要加倍勤苦力学，依靠真才实学安身立命，保持家族的兴旺。

可以说，这两个观点对现在的父母也是很有借鉴意义的。

首先，诗书传家久。"学而优则仕"是《论语》以来的传统，"学优登仕，摄职从政"一句通过中国传统蒙学三大读物之一的《千字文》而广为传诵，宋真宗《劝学文》中的"书中自有千钟粟"激励读书人刻苦求学，"官本位"思想在中国文化传统中源远流长。哪怕是当代家长，仍有不少人羡慕周围的官员能够带来资源和地位。左宗棠作为一名专制社会中的朝廷重臣，能够明确提出子弟不必从政，不囿于"官本位"的传统，无疑是很有远见卓识的。

其次，为人父母者率先垂范，带领家族成为积善之家。我们常说："榜样的力量是无穷的"，"父母是第一任老师"。这些话说起来容易，做起来难；做一天两天容易，要长期坚持就难了。难能可贵的是，左宗棠做到了，他尽忠报国，勤政廉民，崇俭广惠，胸怀天下，为子女树立了一个好榜样。

事实证明，左宗棠的家教是很有成效的。晚清同乡王先谦赞曰："君子以为文襄治家有法，及夫人之循分达理，皆近世富贵家所罕见，兹可谓贤明也已！"民国时期杨公道《左宗棠轶事·家教》条载："公（左宗棠）立身不苟，家教甚严。入门，虽三尺之童，见客均彬彬有礼。妇女则黎明即起，各事其事，纺织缝纫外，不及外务。虽盛暑，男女无袒裼者。烟赌诸具，不使入门。虽两世官致通显，又值风俗竞尚繁华，谨守荆布之素，从未沾染习气。闻至今后人均能遵守遗训，无敢失坠焉。"其子孙后代秉承家训，正直立身，自强不息，在医药卫生、教育界等领域代有闻人，而从未出过膏粱纨绔、危害国家社会的不肖之徒。这些足以证明左宗棠的家教思想的巨大成功和家训在左氏家族教育中起到的恒久影响力和积极作用。

需要补充的是，以"曾左"并称的另一位中兴名臣曾国藩，也在家书中不厌其烦地强调"不从政不从军"和"花未全开月未圆"等诸如此类的家训，与左宗棠的家教思想有异曲同工之妙，并且两个家族都家运绵长，家风不坠，可谓"幸福的家庭都是相似的"。

世俗中人见人家兴旺辄①生嫉妒，无所施则谀谄②逢迎以求济其欲。为子弟者，以寡交游、绝谐谑③为第一要务，不可稍涉高兴，稍露矜肆④。其源头仍在"勤苦力学"四字，勤苦则奢淫之念不禁自无，力学则游惰⑤之念不禁自无，而学业人品乃可与寒素相等矣。尔在诸子中年稍长，性识颇易于开悟⑥，故我望尔自勉以勉诸弟也。

| 今译 |

普通人看到别人家族兴旺发达就滋生嫉妒之心，无计可施便阿谀奉承，看能不能得到一点好处。我们家的子弟，要以减少不必要的交游和杜绝无聊的诙谐逗趣为第一要务，不能一高兴就得意忘形，忘记检点自己的言行举止，表现出傲慢和放肆的样子。

一个人向上向好的根源还是在于"勤苦力学"四字，只要能够耐受艰苦、勤于劳作则自然能戒除骄奢淫逸的念头，只要肯立志努力学习则自然会消除闲游懒惰的念头，而学业和品行才能与寒门子弟不相上下。你在家族子弟中年龄大一点，性格胆识也较容易开通觉悟，所以我希望你能自我勉励，做个好榜样，鼓励弟弟们做到"勤苦力学"。

｜ 简注 ｜

①　辄：就。

②　谀谄（yú chǎn）：奉承谄媚。

③　谐谑：诙谐逗趣，语言滑稽而略带戏弄。

④　矜肆（jīn sì）：骄矜放肆。

⑤　游惰：游荡懒惰。

⑥　开悟：开通觉悟。

｜ 实践要点 ｜

左宗棠有四个儿子四个女儿，从现存家书来看，直接写给长子孝威的信件最多，寄予的希望也最大。其中原因有二：一是希望长子孝威担负起做榜样的责任。常言道："长兄为父，老嫂比母。"意思是子女中当老大的就应该承担家庭的责任，就应当关心爱护弟弟妹妹，帮父母操持家务。特别是父亲不在家的时候，

"为父"隐含了当兄长的不仅要照顾弟妹，主持家务，还要肩负教育、培育的责任。弟妹与老大感情上不仅是一种兄妹、姐妹亲情，还含有一丝类似跟父母之间的那种养育之情。左宗棠长年在外征战，尽管周夫人持家有方，但是她身体不好，所以，父亲希望长子孝威能够主动承担起"长兄为父"的责任，从家中事务到家风培育等方面都有所作为，赢得弟弟妹妹们的尊敬，能够替母亲和千里之外的父亲分忧。二是孝威"性识颇易于开悟"。通过长期观察，左宗棠发现了儿子们各自的特点，相比之下，对孝威的评价较高，所以对他倾注了更多心血，这也是因材施教。

这两条，对于当代的父母颇有启示。一是培养子女对家务的关注，为他们创造历练的机会。子女最后都要走向各自的家庭独立门户，从小开始就应该让子女对家庭事务进行参与，培养他们分析和处理问题的能力，而不是成为袖手旁观者或坐享其成者，这样对孩子走向学校、社会和广阔的人生舞台都是大有帮助的。若不是独生子女家庭，可以让老大多思考一点和多担当一点，但是也要避免造成老二或老三的惰性和依赖。最好是让子女都成为自食其力、自强不息的人，这样走出家门后才不会手足无措，父母也不用为"巨婴"不会独立生活而担心。二是对子女因材施教。多观察、多鼓励、多引导，既能激发潜能，又避免拔苗助长。当然说起来容易做起来难，需要具体情况具体分析，需要父母和孩子一起相互尊重、不断反思、善于学习、共同成长。

古人经济学问都在萧闲①寂寞中练习出来。积之既久，一旦事权②到手，随时举而措之，有一二桩大节目事办得妥当，便足名世。目今人称之为才子、为名士、为佳公子，皆谀词③，不足信。即令真是才子、名士、佳公子，亦无足取耳。识之。

润儿今岁原可不应试，文、诗、字无一可望，断不能侥幸。若因家世显耀竟获侥幸，不但人言可畏，且占去寒士进身之阶，于心终有所难安也。尔母于此等处总不能明白，何耶？

七月初一日书于漳州城大营

| 今译 |

古人经世致用的能力和学识都是在寂寞清静中修炼出来的。只有日积月累积淀得越来越多，有朝一日行使职权处理事情时，才能将平生所学随时发挥出来并处理得当。如果有一两件大事办得妥当，便足以留下名声。放眼望去，当今被称为才子、名士、佳公子者，都是世人的阿谀之词，不值得相信。即使是真的才子、名士、佳公子，也没什么可取之处，他们不一定能够在历史上占有一席之地。你应当把这些话铭记于心。

润儿（孝宽）今年原本可以不参加科举考试，文章、诗词、书法没有一项有优长的地方，所以万万不可抱有侥幸心理。如果因为我们家世显耀而侥幸成功，不但流言蜚语可怕，更重要的是占去了寒门学子晋升的通道，我每每想到这里心里便感到十分不安。你母亲在这件事情上总是看不开，想不透，为什么呢？

｜ 简注 ｜

/

① 萧闲：潇洒悠闲。
② 事权：处理事物的职权，这里指做官。
③ 谀词：讨好、谄谀的言词。

｜ 实践要点 ｜

/

左宗棠教导孝威牢记厚积薄发与名实相符的道理。古来成就大事者，无一不是紧紧抓住空闲时间积学储才，能够有效管理好时间，耐得住寂寞，坐得住冷板凳，一旦机会来临，便可一展身手而名垂青史。他告诫儿子不要艳羡现在那些所谓的才子、名士、佳公子，他们都是言过其实之辈。即使其中有些是真正的才子、名士、佳公子，以左宗棠的标准，这些人并没有多少经世致用的才干，更缺乏独当一面的历练，都是些好名之人，不值得效仿。另外，孝宽的学识还够不上参加会试的水平，即使这次凭家世侥幸成功，也是名不符实，不仅会带来流言蜚语，对他本人的成长和家族名声也会产生负面影响。而且更令人不安的是，这样就会占据有真才实学的寒门士子晋升的名额，阻碍他们的发展。野史和笔记都说左宗棠颇为自负，睥睨时人，从这封信中也可看出些端倪。不过，左宗棠在写家书时基本上还是清醒冷静的，不发妄言无稽之谈。信中一方面说当今的才子、名士、佳公子没有什么可取之处，应该是言之有据的；另一方面，他要孝威"笃根本、去浮华"，脚踏实地多坐几年冷板凳，连孝宽去会试都不允，担心他滥竽充数占去机会，会阻碍寒门学子的晋升之阶。这个想法连一贯支持他的贤内助周夫人都不赞成，可见他对子女要求之严格，还甚于周夫人。左宗棠要求子女耐得住寂寞清贫，老老实实勤苦力学，不要妄想暴得大名；不希望他们少年得志，而更希望他们像自己一样大器晚成，应该是回顾自己一生历程后的金玉良言。其思虑之深远与胸襟之宽阔，都值得我们深入领会。

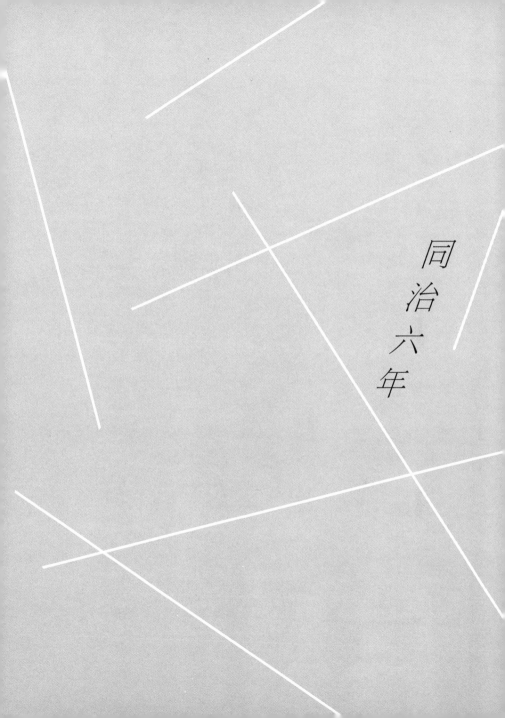

同治六年

与周夫人（家下事一切以谨厚朴俭为主）

筠心夫人览者：

鄂中大旱，秧田枯拆，首种①不入。民间日夜避兵，啼呼满道，深可伤悯②。我之迟回于此，亦欲为中原销此巨患耳。

试馆已动工，凡工师工费赏犒之需少从宽裕，俾乐于从事。孝威主之，不必问之二伯。家下事一切以谨厚③朴俭为主。秋收④后还是移居柳庄，耕田读书，可远嚣杂，十数年前风景想堪寻味也。

四月二十日樊城书（寄）

| 今译 |

湖北地区旱灾严重，田里的秧苗都干枯而死，最先播种的庄稼也没有什么收成。老百姓一天到晚都在躲避军队，道路上到处是啼哭声，十分令人伤心怜悯。我迟迟没有回家就是由于这个原因，也希望自己能为中原地区的百姓解决这一巨大的灾祸。

试馆已经开始动工，凡是工匠的工钱及犒劳费用应该稍微给得充足一点，使他们愿意花力气修好试馆。孝威主持这件事就可以了，不必去咨询二伯。家中诸事开销都应该遵循谨慎、笃厚、朴素、节俭的原则。秋天收获农作物之后，全家还是搬到柳庄去住吧，耕田读书的生活可以远离喧嚣，十几年前在柳庄的耕读生活还很让我回味呢。

| 简注 |

① 首种：最先播种的庄稼。

② 伤悯：伤心、怜悯。

③ 谨厚：谨慎笃厚。

④ 秋收：秋天收获农作物。

| 实践要点 |

左宗棠虽然要求家人生活俭朴寒素，但是对于修建家乡试馆的工匠费用还是要大方一点，这也是在践行"崇俭以广惠"的经世之道。

与孝威（读书增其识解，治事长其阅历）

孝威知之：

　　我军车队既精，再得所调塞马①辅之，贼不足平也，可见古今事理并无二致。读书增其识解，治事②长其阅历，自少差谬③，岂独兵事然哉！尔曹勉之！

　　　　　　　　　　　　五月初七日樊城营次

| **今译** |

　　我军的车辆和士卒本来就是精锐之师，再加上调来塞上军马作为辅助，扫除贼寇不足为虑，可见古往今来任何事物的道理都是一样的。读书增长见识，经历世事增加阅历，差错自然就少了，难道只有用兵是这个道理吗！我特意拿出来分析与你们听，希望能对你们起到勉励的作用！

| **简注** |

① 塞马：塞上的马。

② 治事：处理事情。

③ 差谬：差错。

| 实践要点 |

累月在外征战的左宗棠，不时将军营中的事情与家人共同分析，既缓解了家人的担心和牵挂，同时也扩充了子女的见识，通过活生生的例子更好地激励和教育子女。虽然父辈和子女各自面对的事情和责任不同，但是世间事物的发展规律是相通的，读书和治事是相辅相成的。虽然找到治事方法最快最好的途径是通过书本，但是"尽信书则不如无书"，书中的观点还要靠实践去证明和发展，实践要靠理论来指导和预测。善于学习的人，总会将读书和治事紧密结合起来去学以致用和融会贯通。

这种父母与子女平等交流的场面是何等温馨！父母将所经历的事情与子女共同分享是对晚辈莫大的尊重，父母通过自己的亲身经历讲出来的道理是多么有说服力，并且将让子女永远记忆犹新。不得不说，左宗棠教子是严、慈、平等的，花了不少心血，而且有不少方法。稍晚于他的安徽庐江人刘声木在《苌楚斋五笔·论左宗棠家书二篇》中高度评价道："其家书告诫子侄之言，皆镂心刻骨而出，披肝沥胆而谈，而字字确凿，语语谆实，千载下，如闻见其声音笑貌，非可伪为。今虽时移事变，其书固可旷百世而不废也。所论学文读书之法，比之《曾文正公家训》，诚为不逮，然亦有独到之处，不可磨灭。"

当前，若父母不在子女身边，父母是否也可以学学曾国藩、左宗棠、梁启超、傅雷、刘再复等人，不只是打电话和发微信，而是字斟句酌地与子女娓娓道来，见字如面的家书是否将会产生不一样的效果呢？是否能给子女留下一笔多年后还值得回味和珍藏的精神财富呢？

同治七年

与孝威（屡饬尔家居奉母课弟，毋急求仕进，何竟忘之）

屡饬①尔家居奉母课弟，毋急求仕进，何竟忘之？昨接尔伯父书，言尔母腊初脚气大发，初八日后病势增剧，至十七八等日险症层出，医言"脉绝②不可为矣"，尔伯父乃遣人追尔折回。至二十二三日连进参茸大剂，渐有转机，尔伯又谕令尔安心会试，勿须回也。我前接尔北上之信，即驰书③王若农④，请其极力阻止折回。其时未知尔母病状，并怪尔母任尔妄动⑤，致违我教。想尔途间接到此信，必已折转。又恐尔或已到京，故作此请夏芝岑⑥与尔阅。尔如尚在京（断不准会试），即暂住，候我信到再动身南归。

| 今译 |

我多次告诫你应在家好好侍奉母亲、督促弟弟读书，不要急于求取功名，你为什么就忘了呢？昨天接到你伯父的信，说你母亲腊月初脚气病发作得厉害，初八后病情加重，到十七、十八两日多次出现危险的症状，医生说"血脉呈现败绝

的气象而无法再医治了"，于是你伯父立即派人将你追回。到二十二、二十三日连续服用人参、鹿茸等大补的药剂，你母亲的病情逐渐好转，你伯父又让你还是安心参加会试，暂时不用回家。我此前接到你要北上的家书，便立即写信给王若农（加敏），请他竭尽全力阻拦你让你回家。当时我并不知道你母亲病得如此严重，并责怪你母亲听凭你自作主张，以至不遵从我平日的训诲。我想你会在半路上收到这封信，想必你已经折返了。我现在又担心你已经到京都，因此特意请夏芝岑（献云）将这封信拿给你看。如果你仍然在京都（绝对不能去参加会试），就暂时住下吧，等我的信到了再起程回家。

| 简注 |

① 饬（chì）：告诫。

② 脉绝：病名，血脉枯涩败绝的疾患。

③ 驰书：急速送信。

④ 王若农：王加敏，字若农，浙江嘉兴人。咸丰十年（1860）跟随左宗棠襄办军务。左宗棠率军入关后，委派他负责陕甘后路粮台，先后十九年有如一日，"其经手出入款项不下数千百万两"，而他自己却始终保持廉洁。左宗棠称赞他"论其志趣操守、才具在监司中亦实不可多得之员"，多次为王加敏请奖，委以重任。

⑤ 妄动：轻率、任意的行动。

⑥ 夏芝岑：字乔臣，名献云，号芝岑，江西新建人。道光贡生，后入京，

历任军机章京等职。同治九年（1870）以道员分发湖南，后授粮储道，晋按察使衔。著有《清啸阁诗集》《岳游草》《近代诗钞》。福建布政使、船政大臣夏献纶之四兄。

| 实践要点 |

/

孝威在父亲不在家、母亲身体不佳的情况下，擅自赴京会试，让左宗棠大为生气。一方面认为孝威汲汲于科举仕途，另一方面是因为家中母亲无人照料。父子之间的想法不一，儿子与父亲的沟通不够，加上家书往返也耽误不少时间并增加了一些误解。在当今信息时代，沟通的方式更方便更快捷，家人之间不妨多联系多沟通，将误解和矛盾化解到最低程度。

与孝威（天下有父履危地、母病在床，而其子犹从容就试者乎）

初六日行抵望都①，接尔前月二十八日来信，知尔竟抵都中安顿会试矣，不意尔竟违我训饬如此！前因折弁来京，曾寄一信与尔，亦料尔伯父及王若农追尔折回之信或未接得，故姑作一函交夏三兄与尔阅。想湖南家信亦必续到。此时亦无可谕知者，惟盼尔母能康复如常，尔幸免为罪人耳。

我因捻逆渡河忧愤欲死，故匆遽率五千步队前来。当启行时，已疏陈入直，亦料逆贼过晋、豫后必入犯畿甸②，晋、豫无足当之，直隶亦然，不忍不来，不敢不速也。此行必前驱杀贼，以求心之所安，利钝③举非所计。尔断不准入闱④赴试，天下有父履危地、母病在床，而其子犹从容就试者乎？汝安则为之矣！

不会试，亦不必来营，来营徒添我累，又嘱。

初六我抵达望都县，收到你上个月二十八日的家书，知晓你已经在京都安定下来准备会试，没想到你竟然违背我的训诫到这种地步！上次因为有折差去京都，我顺便托他带信给你，也想到你或许没有收到伯父及王若农关于你是否折回的书信，因此我又写了一封信托付京都老友夏芝岑带给你看。湖南的家信想必你现在都已经陆续收到。我也没什么跟你说的了，只是盼望你母亲的身体能如往常一样健康，你或许才能有幸免除罪过。

我因为捻军逆贼渡过黄河而忧郁愤恨得快要支持不住了，于是匆忙间率领五千步兵前往。我起程之时，已经上奏朝廷陈述个中情形，也预计逆贼进入山西、河南后必然会入侵京师外围，山西、河南均抵挡不了贼寇的进攻，直隶也同样如此，因此我不能狠心不来（保卫京城），不敢不迅速前往。我此次一往无前督剿贼寇，以求无愧于心，至于成功或失败都不是我可以预料得到的。你绝对不可去参加会试，天下哪里有父亲正处于危险的境地、母亲生病在床，而儿子却能够从容地去参加会试的呢？假如你感到心安，那就去做吧！

不要参加会试，也不要来军营，你来到军营只会白白增加我的麻烦，再次嘱咐。

① 望都：望都县地处北京、天津、石家庄三角地带。位于河北省中部平原

的保定市，与保定市区接壤。

② 畿甸：指京师外围，即直隶省（今河北省）一带。畿，京畿，皇城禁地。甸，指郊外。郭外为郊，郊外为甸。

③ 利钝：利，锋利，引申为顺利、成功。钝，不锋利，引申为挫折。指做事情可能有的各种情况或结果。

④ 入闱：科举时代应考或监考的人进入考场。

| **实践要点** |

儿子如何才能做到孝顺？左宗棠认为孝威在"父履危地、母病在床"的情况下，仍然从容北上会试，是不孝的表现。姑且不论父亲的这个观点是否正确，但是做儿子的应该尽力说服父亲，应该考虑到战火纷飞中的父亲会气郁难平，这样对父亲的身体状况和军事指挥都会有不良影响。

与孝威（读书非求高中进士，谢麟伯学行可为尔师）

孝威览之：

　　尔年轻学浅，无阅历，凡事以少开口、莫高兴为主，记之，记之。尔如赴会试亦可，但不必求中进士。功候①太早，本不中理，且科名亦易干②人忌也。谢麟伯③庶常④，天性纯笃⑤，每言及国事艰难，辄涕泗⑥交颐⑦，所谓"袁安之每念王室自然流涕"⑧也。其人学行，可为尔师。

　　　　　　　三月初一夜正定行营此是来往第三次也

｜ 今译 ｜

　　你年纪尚轻且学问浅薄，没什么阅历，凡事应该谨言慎行，切记不要因为一时开心，就高谈阔论，切记，切记。你如果今年准备参加会试，也是好事情，我表示支持，但是不必一心想考中进士。功名来得太早，本来也不切合事理，况且年少就获得功名，容易招致他人的嫉妒。谢麟伯庶常天性纯朴笃实，每次谈到国事的艰难就痛哭流涕，正所谓"袁安之每念王室自然流涕"（袁安每次说起王室就悲伤落泪）。谢麟伯的学识品行，可以成为你师法的榜样。

简注

① 功侯：因功勋而册封为侯爵，泛指功名。

② 干（gān）：冒犯、招致。

③ 谢麟伯：谢维藩，字翊天，号麟伯，又号振士，湖南巴陵（今岳阳）人。咸丰五年，甘肃乡试中举。同治元年中进士，选翰林院庶吉士。旋丁母忧。服阕，授翰林院编修。同治九年，任广东乡试副考官。十二年，督山西学政。著有《雪青阁集》。

④ 庶常：庶吉士的代称。其名称源自《书经·立政》"庶常吉士"。是中国明清两朝翰林院内的短期职位。由通过科举考试中进士的人当中选择有潜质者担任，为皇帝近臣，负责起草诏书，有为皇帝讲解经籍等，是为内阁辅臣的重要来源之一。

⑤ 纯笃：纯朴笃实。《后汉书》本传称许慎"性纯笃，博学经籍，马融常推敬之，时人为之语：五经无双许叔重"。

⑥ 涕泗：眼泪和鼻涕。

⑦ 颐：两颊，腮。

⑧ 袁安之每念王室自然流涕：原文出自庾信《哀江南赋》。袁安：东汉人，字邵公，为司徒。当时皇帝幼弱，外戚专权，袁安每朝见或与人谈及国事，往往呜咽流涕。

左宗棠在这封信中对孝威苦口婆心地重复了以前说过的"二戒"：一是凡事以少开口、莫高兴为主，此为戒多言易喜；二是读书非为求中进士，早得功名易干人忌，多为不祥之兆，此为戒年少得功名。同时，为了避免让孝威觉得动辄得咎、无所适从，所以他为在京城应试的儿子推荐了一名好老师，希望孝威在师友的训导下增长品行学识。这样从正反两个方面的周到考虑，可谓用心良苦。

在家庭教育中，中国父母往往习惯于说这不准、那不行，一般按照大人的标准立规矩，认为这是家教严的表现，殊不知这样既容易让子女产生反感，而且也有导致子女循规蹈矩而创新力不足之嫌。如何在鼓励尝试和划定红线中找到合理的"度"，是一件很需要智慧的事情。左宗棠这种告诉孝威"不应该做什么"和"应该做什么"的教导，可以成为我们在家中立规矩的借鉴。

与孝威（儿之志趣异于寻常纨绔）

孝威览之：

　　下第公车①多苦寒之士，又值道途不靖②，车马难雇，思之恻然③。吾当三次不第时，策蹇④归来，尚值清平无事之际，而饥渴窘迫、劳顿疲乏⑤之状，至今每一忆及，如在目前。儿体我意，分送五百余金，可见儿之志趣异于寻常纨绔。惟闻车价每俩七八十金，寒士何从措此巨款？或暂时留京，俟事定再作归计，亦无不可。其或归思孔亟⑥，万难久待，儿可代为筹画，酌加馈赠。

┃ 今译 ┃

　　落第的考生大多是贫寒家庭出身，又赶上现在路上也不平安，难以租到车马，想起来就觉得悲伤。我三次参加会试落第，缓缓离京回家，还是天下太平之时，当时饥寒交迫的窘困、劳累疲倦的情形，现在回想起来好像就在眼前。你能体会到我的心意，分赠寒门学子五百两银子，可见我儿的志趣绝不同于一般纨绔子弟。只是我听说现在租车价钱是每辆要七八十两银子，寒门学子从哪里才能筹到这么一笔巨款呢？他们或者暂时留在京城，等事情有眉目了再作回乡的安排，也没有什么不可以的。如果回乡的心情十分急切，实在待不了那么久，你可以帮助他们筹划，酌情多赠送他们一些财物。

| 简注 |

① 下第公车：落榜的考生。下第，科举时代指考试没有考中，落第。公车，早在汉代，便有了以公家车马送应试举人赴京的传统。最早为汉代官署名，臣民上书和征召都由公车接待。指入京请愿或上书言事，也特指入京会试的人上书言事，后代指举人进京应试。

② 不靖：不安定、不平安。

③ 恻然：悲伤的样子。

④ 策蹇（jiǎn）："策蹇驴"的省略语。骑跛足驴，比喻工具不利，行动迟缓。蹇，跛，行走困难。

⑤ 劳顿疲乏：劳累疲倦。

⑥ 孔亟（jí）：很紧急，很急迫。

| 实践要点 |

这是左宗棠对儿子少有的褒奖。想必也是原来父亲多次说起落第考生困窘万分，将来有能力必将尽力帮助，耳濡目染之下，孝威自然会做出这种慷慨解囊的义举。所以说，父母很久以前不经意的一些言语举动，都会给儿女们留下很深的印象，将深刻影响到儿女的成长，这就是我们经常说的"想要子女成为什么样的人，父母首先要努力成为那样的人"。

我虽一分不苟，然廉俸尚优，当以千金交儿，以五百金为孝宽领照，以百金为族中节妇①请旌②，以百金为尔母买高丽参，以百金寄谢麟伯（祝爽亭垲③已省亲暂回卫郡④，未在军中），以百金寄周荇农⑤，以百金为儿行赀⑥，了此私事。再以千金交儿分赠同乡寒士为归途川费，或搭轮船，或俟秋间车马价贱再作归计，均听其便。今作一信寄胡雪岩⑦为券，请其号友汇兑（库平⑧二千二百两），从洋款项下划还归款。尔可持此信到阜康⑨取库平银二千两。俟银取到，再将诸事逐件料理，即雇车到天津与夏筱涛⑩兄同住，请由官封⑪寄一信来，再候我信赴营可耳。

王师处再致百金为家用，绵师处亦致百金，合已挪阜康之八百两则三千矣。手此谕知。

闰四月十九日连镇大营（书）

　　我虽然一分钱都不随便使用，但我的廉俸还算优厚，将拿出一千两银子交给你，其中五百两孝宽收领，一百两是为家族中的节妇向朝廷请求旌表准备的，一百两是为你母亲买高丽参准备的，一百两寄给谢麟伯（祝爽亭垲已回河南新乡家中探亲，没有在军中），一百两寄给周荇农，还有一百两作为你出行的经费，当作你的私人开销。剩余的一千两就交给你作为资助寒门学子的旅费，或者让他们搭乘轮船，或者建议他们等到秋天车马费较为便宜的时候返乡，都随他们自己安排。现在写一封信给胡雪岩作为借券，请他在分号的朋友帮忙兑换（库平二千二百两银子），（以后我将）在与洋人来往的款项下归还这笔钱。你可以拿着我的这封信到阜康钱庄提取库平银二千两。等你取到银子后，便将这些事情一件一件处理完毕，之后再雇车到天津与夏筱涛兄住在一起，请写一封家书经由官府密封寄来给我，等我回信以后再确定来我军营的时间。

　　王老师那里再送一百两给他补贴家用，绵老师那里也送一百两，加上（上次）已经从阜康钱庄挪借的八百两则有三千两了，特地写信告诉你。

| 简注 |

① 节妇：请旌夫死独守贞节不再嫁的妇人。

② 请旌：旧制，凡忠孝节义之人，得向朝廷请求表彰，谓之请旌。

③ 祝爽亭垲：祝垲（kǎi），字爽亭，号定庵，陕西安康人。道光二十七年

进士，曾任新邑知县、太康知县、直隶大名道、钦差大臣督办直东豫三省军务、长芦盐运使等职。以战功获二品顶戴。著有《体微斋日记》《爽亭斋易说》和《语录》等。

④ 卫郡：今河南新乡。

⑤ 周荇（xíng）农：周寿昌，字应甫，一字荇农，号友生、自庵等，湖南长沙人。道光二十五年进士，由编修累迁内阁学士兼礼部侍郎。光绪初罢官居京师，以著述为事，诗文、书、画，俱负重名。著有《思益堂集》《汉书注校补》《后汉书注补正》《三国志注证遗》等。

⑥ 行赀：出行的费用。

⑦ 胡雪岩：本名胡光墉，幼名顺官，字雪岩，出生于安徽绩溪，十三岁起便移居浙江杭州，徽商代表人物。清咸丰十一年（1861），太平军攻杭州时，胡雪岩从上海运军火、粮米接济清军而为左宗棠赏识，后来又帮助左宗棠组织"常捷军"、创办福州船政局。左宗棠西征平叛阿古柏时，为他主持上海采运局局务，采供军饷、订购军火，并做情报工作，常将上海中外各界重要消息报告左宗棠。备受欢迎时，官居二品，赏穿黄马褂，是中国近代著名红顶商人。

⑧ 库平：清政府征收租税、出纳银两所用衡量标准，订立于康熙年间。每库平一两大约等于关平九钱八分七厘二毫，合于标准制 37.301 克。

⑨ 阜康：即胡雪岩的阜康钱庄，在同治到光绪初年是全国最大的钱庄之一。胡雪岩利用过手的官银运营钱庄，逐步扩展，后在全国各地设立了"阜康"钱庄分号。

⑩ 夏筱涛：夏献纶，字筱涛，江西新建人。曾署福建布政使、船政大臣，

1873 年任台湾道，1879 年病殁于任。著有《台湾舆图》。

⑪ 官封：封寄。

| 实践要点 |

／

左宗棠作为封疆大吏，俸禄不少，但是"一分不苟"，将各种开支清清楚楚地列出来，既让孝威心里踏实，知道每笔开支的来龙去脉，更重要的是告诉他孰重孰轻，哪些该用哪些不该用，逐步学会当家理财和"崇俭广惠"。

与孝威（不即归省视知尔之忍于忘亲也）

孝威知之：

尔前信言月初可到天津，筱涛兄信来，又言尔望后[①]可到，至今未见尔已否出都消息。二伯书来，亦言久未见尔寄家信，尔母深以为念。尔殆不知老母之念尔耶？

数年来，军事倥偬[②]，未暇教尔；观尔此次之进京会试，知尔之敢于违命也。尔母腊底春初病甚危笃，尔虽有忧戚之语，而一闻母病渐痊，准尔赴试，辄复欣然[③]。试事报罢，犹复流连[④]，不即归省视，知尔之忍[⑤]于忘亲也。

| **今译** |

你前一封信说月初可（离开北京）到天津，筱涛来信，又说你本月十五以后可以到（天津），（可是）至今还没有你是否从北京出发的消息。二伯从家里来信，也说很久没收到你寄到家中的信，你母亲对你非常挂念。你难道不知道家中老母会经常念叨你吗？

这么多年来，我在外连年征战，军务繁忙，没时间和你讲这方面的道理；从这次你进京会试的情形看，知道你敢于违抗父母之命了。你母亲去年腊月底和今年春天，病得很严重，情况十分危急。你虽然很焦急和悲伤，在平日的言谈中都有体现，但后来一听到母亲的病情得到缓解并准许你去参加会试，就马上感到很高兴。会试结束后，你仍留恋京城而不愿离开，没想到及早回家好好侍奉患病的母亲，可见在你的心中已狠心将母亲忘到了脑后。

| 简注 |

／

① 望后：月望之后。"月望"即望月、满月。高诱注《吕氏春秋》："月，十五日盈满，在西方与日相望也。"月满之时，通常在月半，故用月望指农历每月十五日。

② 悾偬（kǒng zǒng）：忙乱，事情纷繁迫促。

③ 欣然：非常地愉快。

④ 流连：依恋而舍不得离去。一作"留连""流涟"。

⑤ 忍：狠心，硬着心肠。

| 实践要点 |

／

儿子孝威没将母亲的病情放在心上，参加会试之后又流连京城迟滞未归，一再迁延出京日期，并且很久没有写信回家而让病中母亲牵挂不已，左宗棠对这一系列不孝行为非常反感，决心要好好批评教育他。左氏家族世代以孝治家，据史料记载，左宗棠曾祖左逢圣以"恭悫""仁孝"著闻；祖父左人锦"以孝义闻"。左宗棠同样非常注重孝道，为子女取名都含有一个"孝"字，四个儿子分别是左孝威、孝宽、孝勋和孝同，四个女儿分别是左孝瑜、孝琪、孝琳、孝瑸。在日常生活中，他身体力行，践行孝道，也希望子女们能够真心实意地孝敬父母，所以他对孝威的种种不孝迹象，大为不满，以不多见的严厉措辞写了这封信。

"百善孝为先。"《孝经》中孔子说："夫孝，德之本也，教之所由生也。""夫孝，天之经也，地之义也，民之行也。"《论语》中孔子说："君子务本，本立而道生，孝悌也者，其为仁之本与。"在中国传统道德规范中，孝道具有特殊的地位和作用，已经成为中国传统文化的优良传统。无数事实证明，只有孝敬父母才能家庭和睦；只有家庭和睦才能社会安定；只有社会安定才能经济繁荣；只有经济繁荣才能国富民强。孝敬父母绝不是一件小事情！孝敬父母的教育是最基础的道德教育。试问，一个孩子如果连养育自己的父母都不关心、不照顾、不尊敬、不爱戴，怎么能去爱他人爱集体呢？如果一个孩子对生身父母都没有深厚的情感，怎么能升华出高尚的爱国之情呢？虽然中国传统孝道还有一些需要批判继承的地方，但是，加强敬老爱老教育，无论是对于子女、父母、家庭、国家还是人类社会，都是必须坚持的。

> 尔不知读书力学，惟希世俗科目为荣，知尔之无志。于端人正士及学问优长之人不知亲近爱慕，而乐与下流不若己之人为伍，知尔之无是非。

我过宁津^①时，无意中见两张姓（一捐中书^②），一高姓，均云是尔同年^③，在都时曾为尔代购人参者。吾观其鸦片瘾甚大，绝之。尔为母病买参，乃托吸烟好友，何耶？湘潭韩姓同年曾到浙江，吾知之深矣。昨谕尔访下第寒士^④，厚送盘费，尔乃托之此君，何耶？贺秀和，汝妻兄也；黎尔民，尔姊夫也。骨肉之亲，情与理均须曲至^⑤，惟宜相规以善，彼此期于^⑥有成。若徒谑浪笑傲^⑦，饮食征逐^⑧，但有损并无益也。尔知之否？吾三十五岁始得尔，爱怜备至，望尔为成人。尔今已长大，而所学所志如此，吾无望矣，一叹！

五月二十七日（父书）

| **今译** |

你不是真正在发愤求学，而只是以获取世俗认可的功名为荣耀，所以我知道你并没有志向。对于品行端正及学问出类拔萃的人，不知道去敬重他们并多在一起交流砥砺，而甘于与等而下之不如自己的人为伍，所以我认为你没有是非之分。

我路过宁津的时候，无意中遇到两个姓张的人（其中一个捐纳了中书的官职），还有一个姓高的人，都说是你的同年，在京城时都曾为你代为购买过人参。

我看到他们鸦片瘾非常大，就不和他们交往了。你因为母亲的病购买人参，为什么要委托给吸烟的好友，而不是亲自去买呢？湘潭籍的韩姓同年，曾经去过浙江，我很了解他的品行。上次我要你寻访考试落第的寒士，多送些盘缠帮助他们，你却委托这个人，为什么呢？贺秀和是你妻子的哥哥，黎尔民是你姐夫，可谓骨肉之亲，于情于理都应该对他们关照周到，最好是相互之间进行善意的规劝，以期对方有所成就。若在一起只是戏谑笑闹，不务正业，只是在吃喝玩乐上往来，那么只会有损无益。你知道吗？我三十五岁才生下你，对你十分怜爱，希望你长大后能够成才。你现在已经长大，学识和志向还只是这个样子，我感觉没有什么希望了，只有一声叹息！

｜ 简注 ｜

①　宁津：县名，位于山东省西北部冀鲁交界处。

②　中书：中书为中国古代文官官职名，清代沿明制，于内阁置中书若干人。在清朝之位阶约为从七品。

③　同年：指科举考试时同榜或同一年考中者。

④　下第寒士：下第，科举时代指殿试或乡试没考中。这里指落榜的读书人。

⑤　曲至：周到。

⑥　期于：希望达到，目的在于。

⑦　谑（xuè）浪笑傲：形容戏谑笑闹。出自《诗经·邶风·终风》："谑浪笑敖，中心是悼。"

⑧ 征逐: 不务正业, 唯在吃喝玩乐上往来。追随, 追求。

| 实践要点 |

左宗棠在信中反复向儿子叮嘱交友之道, 但是从目前得到的一些信息来看, 孝威所交的朋友并不符合父亲所认可的标准, 这让父亲十分失望, 甚至在信中向儿子流露出深深的感伤: 虽然中年得子十分珍惜, 但是望子成龙的希望似乎已经落空。这封信的用词非常严厉, 批评儿子是非不分、交友不慎、志向浅陋, 同时对他所交朋友一一进行了点评分析, 可谓良药苦口, 应当存有矫枉必须过正的想法。

当严厉批评子女时, 若要他们心服口服, 是需要考虑周详的。这里, 左宗棠先晓之以理, 后动之以情; 先当头棒喝、催人警醒, 再用事实说话、逐一分析, 最后流露真情、袒露心扉。虽然远隔关山, 但是他力求从有限的信息中观察儿子的成长状态, 让我们深切体会到他"恨铁不成钢"和"严是爱、松是害"的教子之道, 真是"可怜天下父母心"!

与孝宽（侥幸青衿，切勿沾沾自满）

　　闻汝幸入府庠①，为之一慰。吾家本寒儒，世守耕读。吾四十以前，原拟以老孝廉②终于陇亩③，迫于世难④，跃马横戈⑤十余年，几失却秀才风味⑥矣。尔之天资非高，文笔亦欠挺拔⑦，侥幸青衿，切勿沾沾自满。须知此是读书本分事，非骄人之具也。吾尝谓子弟不可有纨绔气，尤不可有名士气。名士之坏，即在自以为才，目空一切，大言不惭⑧，只见其虚愔狂诞⑨，而将所谓纯谨笃厚之风悍然⑩丧尽。故名士者，实不祥之物。从来人说"佳人命薄，才人福薄"，非天赋之薄也，其自戕自贼⑪、自暴自弃⑫，早将先人余荫、自己根基斫削⑬尽以。又何怪坎坷不遇、憔悴⑭伤身乎？戒之！戒之！

　　听闻你有幸进入了府学，我感到很欣慰。我们家本来是贫寒儒生出身，世代均为耕读之家。我四十岁之前，原本打算以一名老孝廉在乡间终老，因时局遽变祸

乱频出，在战场上冲杀了十多年，几乎丧失了秀才的风度。你的天分并不高，文笔也不算出众，侥幸考入府学当学生，切记不能沾沾自喜而骄傲起来。你一定要明白这是分内之事，并不是拿出来炫耀的资本。我曾经告诫家族子弟，千万不能沾染纨绔子弟的不良习气，尤其不可有名士的放达习气。名士的缺点，就在于自认为才华横溢，一切都不放在眼里，说话喜欢夸大事实，只看到他们的狂妄放肆，而将纯正谨慎、忠实厚道的风度丢失殆尽。所以名士实在是不祥之物。一直有人说"佳人命薄，才人福薄"，不是指他们的天赋不高，而是他们自己伤害自己，自甘堕落，不求上进，早已将先祖留下来的福泽、良好的根基都摧伤损殆尽，又怎么能怪自己潦倒不得志，因为困顿而伤害了身体呢？你们一定要戒除这种名士气！

│ 简注 │

① 府庠（xiáng）：古代学校称庠，明清时期学子考取秀才后进入府、州学习，称为"府学"或"府庠"。

② 孝廉：科举时代的举人。

③ 陇亩：田间，亦引申为出身于平民。

④ 世难：当世的灾难、祸乱。

⑤ 跃马横戈：将士威风凛凛，准备冲杀作战的英勇姿态。

⑥ 风味：风度、风采。

⑦ 挺拔：独立特出的样子。

⑧ 大言不惭：不顾事实而妄言夸大。比喻不知羞耻。

⑨ 虚憍（jiāo）狂诞：狂妄放肆。憍，同"骄"。

⑩ 悍然：强横无理。

⑪ 自戕自贼：自己伤害自己。戕、贼，这里都指伤害的意思。

⑫ 自暴自弃：本指言行违背仁义。语本《孟子·离娄上》："自暴者，不可与有言也；自弃者，不可与有为也。言非礼义，谓之自暴也；吾身不能居仁由义，谓之自弃也。仁，人之安宅也；义，人之正路也。旷安宅而弗居，舍正路而不由，哀哉！"后多指自甘堕落，不求上进。

⑬ 斫（zhuó）削：用刀、斧等砍，喻指摧伤损害。

⑭ 憔悴：困顿、枯萎、凋零。

| **实践要点** |

左宗棠告诫孝宽，读书写文章不是炫耀的谈资，而是读书人正经的分内之事。考上秀才后，切勿骄傲，要保持平常心，时刻对照自己的不足加以修正，为传承耕读传统而接力。对于名士，左宗棠认为是一种悲哀的社会存在，他援引古人所言的"佳人命薄，才人福薄"例子进行剖析，认为名士喜欢高谈阔论而缺乏社会责任感，大到不能为民生做实事，小到不能为家族谋福祉。相反，名士由于个性放荡不羁，感性大于理性，遇到挫折便投降放弃，明明是缺乏顽强的拼搏精神，却自认为怀才不遇，终至一事无成，成为言语和行为上的愤青。这些名士的做派，与左宗棠教育子女所提倡的经世致用的实干精神是完全相左的，因此他告诫子女切勿沾染名士气。

同治八年

与孝威（时时存一覆巢之想，存一籍没之想，庶受祸不至太酷耳）

字谕孝威知悉：

接尔等来信，知家中一切粗安①，甚慰远思。惟入关以后，兵事饷事一手经理，日少暇晷②，亦不及分心家事，屡欲作家信，提笔辄③止。尔等如知陕西无恙，即尔父无恙也。

身当前敌，兵事当有几分把握。惟西北用兵，粮与运饷尤难，与东南迥异。一切极费周章④，不能作一爽快⑤之举。我内无奥援⑥，外多宿怨⑦，颠越⑧即在意中。惟各行其实，不恤⑨其他，可对君父，可对祖先，毕竟⑩胜常人一筹。尔等须加意谨慎，时时存一覆巢⑪之想，存一籍没⑫之想，庶受祸不至太酷耳。

尔母病体渐愈，须好服侍。孝宽性分⑬太低，急宜自安钝朴⑭，勿存非分之想。勋、同须发愤读书，勿沾染世俗习气，吾愿足矣。余无他言，手此谕知。

己巳二月初四日咸阳行营（书）

接到你的来信，得知家中一切大致安好，颇能安慰我远行在外的心绪。只是我入关以后，战事粮饷等事务都是一个人亲自经手，每天很少有闲暇时间，也没有时间为家事操心，几次想要写封家书，提起笔来总是因为各种事情而被打断。如果你们听说陕西平安的消息，那么你父亲也就安好了。

（我）身处前线面对敌人，对于战事尚且有几分把握。只是在西北地区用兵，筹集粮食与运输军饷特别困难，与东南各省的情况有很大差别。所有事情都非常麻烦，不能痛痛快快做一件事情。在内我缺乏有力的靠山，在外我曾经累积不少旧怨，（这次）失败也在意料之中。我唯有尽心尽力做好自己的分内之事，不去顾虑其他的，便可以对得起君王，可以对得起祖先，我的能力终究还是稍微胜过普通人一点。你们在家行事处世尤其要谨慎，常常存有你父亲的功业随时可能失败并连累你们的想法，存有家产可能被没收充公的想法，（有了这种心理准备后）或许当灾祸降临时就不会觉得过于残酷。

你母亲的病情渐渐好转，但仍要一如既往好好照顾侍奉。孝宽天分太低，最要紧的是能够安心于驽钝质朴，不要对自己存有不切实际的要求和想法。孝勋、孝同应该努力发奋读书，不要沾惹世俗中的不良习气，那么我也就感到心满意足了。其余没有什么要交代的了，特别在这里叮嘱你们。

/

① 粗安：大致安定，大致安好。

② 暇晷（guǐ）：时间。

③ 辄：总是。

④ 周章：曲折，麻烦。

⑤ 爽快：舒服，痛快。

⑥ 奥援：帮助的力量，有力的靠山。

⑦ 宿怨：过去的嫌怨。

⑧ 颠越：陨坠，衰落。引申为废弃、衰亡、失败。

⑨ 恤：忧心，顾虑。

⑩ 毕竟：终归，终究，到底。

⑪ 覆巢：倾毁鸟巢，比喻覆灭。引申为"覆巢之下，安有完卵"的意思，比喻整体遭殃，个体（或部分）也不能保全。语出南朝宋刘义庆《世说新语·言语》："覆巢之下复有完卵乎。"

⑫ 籍没（jí mò）：登记所有的财产或家口，加以没收充公。

⑬ 性分：天性、天分。

⑭ 钝朴：驽钝质朴。钝，不锋利，不快，这里引申为不灵活。

相比于原来的东南战事，现在的西北局面更加艰难，左宗棠忙得几乎没时间考虑家事和提笔写信。此外，他还考虑到由于"内无奥援，外多宿怨"，即朝中无人施以援手、同僚积怨树敌不少，这次征战很可能会功败垂成，甚至连累家人。他将最坏的情况提前告知，要儿子做好心理准备，免得到时无法承受。其实也是在开展当今所说的挫折教育，告诉儿子战争无情、仕途险恶，凡事要先考虑到最坏的情形，才会积极争取应对之策。

与孝威（欲受尽苦楚，留点福泽与儿孙，留点榜样在人世间耳）

孝威知悉：

四姊命运蹇薄①，早已虑之。今竟如此，殊为悲切。元伯出继②之子如能读书，可望成立，亦足慰怀。庆生上年即有癫痫③之疾，是否以此毕命，来缄未详，何也？佑生夭折亦在意中（有无子嗣）。尔外家家运不好，我曾与尔母言之。尔舅父母辈均本分人，惟义理不甚明晓，家运不济亦由于此。

吾愿尔兄弟读书做人，宜常守我训。兄弟天亲，本无间隔，家人之离起于妇子。外面和好，中无实意，吾观世俗人多由此而衰替也。我一介寒儒，忝窃方镇④，功名事业兼而有之，岂不能增置田产以为子孙之计？然子弟欲其成人，总要从寒苦艰难中做起，多蕴酿⑤一代多延久一代也。西事艰阻万分，人人望而却步，我独一力承当，亦是欲受尽苦楚，留点福泽与儿孙，留点榜样在人世耳。

你四姐（左孝瑸）命运不好，我一直非常担心。没想到竟然会出现这种情况，我心里感到特别悲伤难过。元伯过继的儿子如果能读书向上，将来便可望有所成就，也足以感到欣慰了。庆生去年得了癫痫病，是否因为这个而丧命，你的来信没有详细提到，为什么呢？佑生夭折了也在意料之中（他有没有儿女呢）。你外祖父母家家运不好，我曾经跟你母亲说过。你舅舅舅母都是本分的老实人，就是对于儒家义理之学还不怎么明白，家族运势不好也是因为这个原因。

我希望你们兄弟几个平日读书做人，多遵循我的训诲。兄弟之间天然是最亲的人，本来不存在隔阂，兄弟失和大多是由妇人和小孩引起的。外面看起来和和气气，其实家庭成员之间彼此缺乏真情实意，我看到很多家族因此而慢慢地由盛转衰。我原本只是一个寒门书生，有幸能成为掌握兵权、镇守一方的军事长官，功业与名声都有了，难道没有能力为子孙后代置办更多的田产吗？但年轻后辈要想成才自立，总是要从寒苦艰难中开始磨炼，（家族）多积累准备一代则可以多延续一代。西北战事异常艰难，人人都害怕退却不敢迎难而上，我却独自将这重任承担下来，也是想着（自己）吃尽苦头，积些福泽给儿孙，留些榜样给世人。

① 蹇薄：命运不好。同治九年（1870），左宗棠四女左孝瑸殉夫而死，年仅三十三岁。左宗棠在《慈云阁诗序》中提到："又六年，余第四女孝瑸殉夫翼

标亡。"

② 出继：过继为他人的嗣子。

③ 癫痫：病名。一种反复出现阵发性的神志障碍、肌肉的非自主性收缩或感觉性障碍的疾病。其特征为发作时突然昏倒，牙关紧闭，口吐白沫，四肢抽搐。

④ 方镇：掌握兵权、镇守一方的军事长官。

⑤ 蕴酿：本指制酒，后比喻为渐趋成熟的事情做准备工作。

| 实践要点 |

左宗棠为什么在国事日艰的时候不辞劳苦挺身担当呢？一般人都只想到他为国为民尽忠尽心和为子孙后代立下榜样，而这封信还透露出他为家族长远发展所考虑的："留点福泽与儿孙，留点榜样在人世耳"。如果每个人都有这种为家族为社会厚植基础的想法，何愁家族不能兴旺发达？何愁民风政风不焕然一新？

> 尔为家督①，须率诸弟及弟妇加意刻省，菲衣薄食②，早作夜思，各勤职业。樽节有余，除奉母外润赡宗党，再有余则济穷乏孤苦。其自奉也至薄，其待人也必厚。兄弟之间情文③交至，妯娌承风④，毫无乖异⑤，庶几能支门户矣。时时存一倾覆之想，或可保全；时时

存一败裂之想，或免颠越。断不可恃乃父，乃父亦无可恃也。

| 今译 |

你作为长子，应该亲率弟弟及弟媳们特别注意减省，保持衣服微薄和食物粗劣的朴素作风，早起劳作而夜晚思考，各自都勤奋地做好分内的事情。若俭朴持家还有所节余，你们除了好好侍奉母亲外还应该多资助供养宗族乡党，再有余力就接济贫穷孤苦无依靠的人。对待自己应该尽可能节俭，对待他人则要宽厚。兄弟之间情感和物质上都相互交流，妯娌之间便会受到这种和睦风气的感染，那些不近情理的事情自然就不会发生，这样才有可能支撑起家族的门户。（若你们）时时想到我们家可能会覆灭，或许还有保全的希望；（若你们）时时想到我们家可能会败落，或许还能避免衰亡。千万不要想着依靠你们的父亲，你们的父亲也没有什么可以依靠的。

| 简注 |

① 家督：指长子。《史记·越王勾践世家》："长男曰：'家有长子曰家督，

今弟有罪，大人不遣，乃遣少弟，是吾不肖。'"

② 菲衣薄食：微薄的衣服，粗劣的食物。形容生活十分俭朴。

③ 情文：精神和物质，情感和物质。

④ 承风：接受教化。

⑤ 乖异：不近情理的怪事。

| 实践要点 |

父亲再一次强调家中长子应该当好"家督"，担负起责任，树立好榜样，团结好家人，管理好家事，心存忧患意识，力求保持家族长盛不衰。

与孝威（捐廉万两助赈不敢以之为功）

孝威兄弟同览：

今岁湖南水灾过重，灾异①叠见②，吾捐廉万两助赈，并不入奏。回思道光二十八九年，柳庄散米散药情景如昨，彼时吾以寒生为此，人以为义可也；至今时位至总督，握钦符③，养廉④岁得二万两，区区之赈，为德于乡，亦何足云？有道及此者，谨谢之，慎勿如世俗求叙，至要至要！

吾尝言士人居乡里，能救一命即一功德，以其无活人⑤之权也。若居然高官厚禄，则所托命者岂⑥止数万、数百万、数千万？纵能时存活人之心，时作活人之事，尚未知所活几何，其求活未能、欲救不得者，皆罪过也，况敢以之为功乎？

腊月十六夜平凉大营

今年湖南的水灾十分严重，一些异常的自然灾害接连出现，我捐了一万两养廉银以资赈灾，并未另外上奏朝廷。如今回想起道光二十八九年间，我在柳庄给贫苦百姓发米发药的情形，好像就在昨天。我那时作为一介寒门书生这样做，人们以此为"义"是可以的；时至今日，我已经官居总督，手握重权，一年的养廉银有两万两，拿出其中区区一万两进行赈灾，为家乡的百姓做点力所能及的事情，这又有什么值得说道的呢？如果有人说起这次捐款赈灾的事，你代表我表示感谢即可，切不可像世俗中人那样希望写成文字或上奏，切记，切记！

我曾经说过士人住在家乡的时候，能救人一命就是一项功德，因为他没有掌握让更多人活下去的权力。若身居高位享有厚禄，那么托付性命的老百姓何止数万、数百万、数千万？纵然能够时时存有让老百姓存活的心，时时做一些让老百姓存活的事，尚且不知道能救活多少人，那些渴望活下去而没能做到、我想救而救不了的人，都是像我这样身居高位者未能尽职的罪过，难道还敢以此为功劳吗？

① 灾异：指异常的自然灾害，或某些异常的自然现象。《汉书·宣帝纪》："盖灾异者，天地之戒也。"

② 叠见：接连出现。宋代沈作喆《寓简》卷六："国家空弱，民间膏血枯

腊，灾异叠见，川原堙塞。"《清史稿·穆宗纪二》："(同治九年十月) 丙辰，以水旱叠见，诏修省。"

③ 钦符：钦，由皇帝派遣，代表皇帝出外处理重大事件的官员。符，古代朝廷传达命令或征调兵将用的凭证。

④ 养廉：养廉银，为清朝特有的官员之薪给制度。本意是想借由高薪来培养鼓励官员廉洁习性，并避免贪污情事发生，因此取名为"养廉"。养廉银来自地方火耗或税赋，因此视各地富庶与否，养廉银数额均有不同。一般来说，养廉银通常为薪水的十倍到百倍。

⑤ 活人：使人活，救活他人。

⑥ 奚：表示疑问语气，何、哪里。

| 实践要点 |

左宗棠一生"崇俭广惠"，乐善好施，心忧天下。他未做官之前，即便家境贫寒，仍有许多赈济乡民的善举。一方面，他深受乐善好施的先祖影响。同乡郭嵩焘所作《湘阴县图志》记载：其曾祖父左逢圣，"好为善行"，"居贫好施，尝于高华岭设茶数年，以济行人"。乾隆十七年 (1752)，岁歉，左逢圣"典衣服，与富人之乐善者，施粥于袁家铺"。其祖父左人锦"以孝义闻"，"承家教，多所修建，倡捐谷为族仓，以备凶荒，岁歉而左氏无饥人"。其父亲左观澜开馆授徒所获的束脩不多，也常挤出来接济乡人。另一方面，他深受湖湘文化的熏陶，拥有"身无半亩，心忧天下"的情怀，一直都关心民生疾苦。及至他身居高位，拯

救黎民百姓于水火的责任感与使命感更加强烈，也更加具体化了。他重视民生事务，将经世致用之学用于民生改革。比如：如何让流亡的农民回到土地上从事耕作，安居乐业，恢复农业生产等，都是他为政举措的重中之重。关爱百姓，以百姓为本，这是为官的"仁"之根本。尤为难能可贵的是，左宗棠不仅做到了，而且告诫家族子弟，无需因此而居功，还要时刻反省自己做得是否还不够。这种自然流露的爱民情感，令人感佩。左宗棠一生不看重做官，而是重在为老百姓做实事，造福苍生。这种为政爱民的思想与实践，对于家族子弟来说，无疑是最好的言传身教。

同治九年

与威宽勋同（周夫人去世，左宗棠写墓志铭寄托哀思）

威、宽、勋、同知悉：

二月二十五日信到，尔等长为无母之人矣。以尔母贤明慈淑，不及中寿①而殒。由寒士妻荣至一品，不为不幸。然终身不知安闲享受之乐，常履忧患②，福命不薄，郁悴③偏多，此可哀也。执笔为墓铭，不敢过实④，然心滋伤矣。尔等迟出，于母德未能详知，近年稍有知识，于尔母言行仪范⑤当略有所窥。暇时盍⑥录为行述，传示后世，俾吾家子孙有所取法，亦"杯棬遗泽"⑦之思也。志铭写就，遣巡捕粟游击龙山⑧赍归。明日成行，须四月中旬后乃到。先录一通，付儿等阅之。

| 今译 |

/

二月二十五日收到你们的来信，此后你们都将成为没有母亲的人了。你们母亲贤明慈淑，未能活到中寿就去世了。她由寒士之妻荣升为一品夫人，不能说是不幸。但是她一辈子从未安享清福，却常常经历忧患，她的福禄原本不薄，却由于忧郁操劳过度而早早损伤了身体，这是很令人哀伤的。我提起笔来为她写墓志铭，不敢言过其实，但内心的悲伤却无法抑制。你们出生较迟，对于母亲的高尚德行缺乏详细了解，近年来，随着你们知识和阅历的增加，对于你们母亲的言行风范应该有所了解。我闲暇的时候，将慢慢回想你们的母亲在日常生活中的嘉言懿行，并如实记录下来传与后世，使我们家的子孙往后有好的榜样可学，同时寄托你们对母亲的思念之情。墓志铭写好之后，我将派遣巡捕粟龙山游击送来。明天出发，四月中旬后才能抵达。先抄录一份，让你们传阅。

| 简注 |

① 中寿：古人的说法，人活到一百岁叫上寿，活到八十岁叫中寿，活到六十岁叫下寿。

② 常履忧患：常常经历忧患。履，践踩，走过。

③ 郁悴：忧郁憔悴。

④ 过实：超过实际情况。《管子·心术上》："物固有形，形固有名。此言不得过实，实不得延名。"

⑤ 仪范：仪容，风范。北周庾信《周上柱国齐王宪神道碑》："仪范清冷，风神轩举。"唐代范摅《云溪友议》卷一："濠梁人南楚材者，旅游陈颍。岁久，颍守慕其仪范，将欲以子妻之。"

⑥ 盍（hé）：合，聚合。

⑦ 杯棬（quān）遗泽：杯棬，古代一种木质的饮器，尤指酒杯。《礼记·玉

藻》："母没而杯圈不能饮焉。"郑玄注："圈，屈木所为，谓卮匜之属。"孔颖达疏："杯圈，妇人所用，故母言杯圈。"后因用作思念先母之词。北齐颜之推《颜氏家训·风操》："父之遗书，母之杯圈，感其手口之泽，不忍读用。"

⑧ 粟游击龙山：粟龙山，长沙人，当时为左宗棠军中的游击，后为记名提督补授甘肃宁夏镇总兵。

| 实践要点 |

左宗棠追忆夫人未及中寿而患病离世，满纸的悲痛伤怀之情无法排遣。其夫人周诒端出生湘潭名门望族，贤德有才，嫁与家贫的左宗棠，艰辛操持，夫妻恩爱，十分支持左宗棠参加科举考试和研习经世致用之学。左宗棠一生受其夫人的鼓励和帮助非常之大，他能够大器晚成并建功立业，周夫人无疑起到了十分重要的作用。胡林翼写给左宗棠的信中问候周夫人时曾有"闺中圣人安否"之句，足见周夫人的德行风范在当世已受人瞩目。

左宗棠与周夫人伉俪情深，为子孙树立起看得见的榜样。他忍住哀伤提笔精心为周夫人撰写墓志铭和行状，叙述夫人日常嘉言懿行并加以推崇，既起到奖谕示劝的作用，又能让儿女们牢牢铭记母亲的恩德，以此寄托深切的哀思。

唐以后，丧事多饭僧[①]，虽士大夫亦不知其非。吾家以积世寒儒，故从无饭僧作佛事者。惟古人饭僧以资冥福，亦非无理。尔母生平仁厚，好施予，此意尤当体之。吾意省城难民尚多，或于出殡之日散给钱文，亦胜饭僧十倍。闻有名册在官，尤易预算。届时当请李仲云商量办法（不必令其到门，亦不必先使闻知）。至城中乞丐亦当布施及之，但以钱不以饭菜，庶期简便均匀，省无益之费用。俵[②]给穷民，亦资[③]尔母冥福。此事约须数百千，不必惜也。

尔言山场[④]要宽大，又要就近买少许墓田，恐难凑巧。吾意总以卜吉得地为主，山场宽狭、有无墓田可买，均不必打算。惟立契时，须将公私分际[⑤]、前后交涉[⑥]各要件仔细检点，乃可成交，免日后唇舌。又买地须彼此情愿，断不可稍涉勉强、稍用势力欺压。此事亦有定数，非人力所能强致。若须用心机，稍近欺压，便非好事，亦断非好地也。

| 今译 |

唐代以后，办丧事的场合多有向僧人施饭之举，即使是士大夫也说不清它有

什么不对的地方。我们家族乃世代贫寒的读书人家，所以从来没有请僧人来做佛事的。不过古人通过向僧人施饭为死者积累冥福，听起来也不是没有道理。你母亲平生性格仁厚，乐善好施，她的这种善心你们尤其应该好好体味。我认为，如今省城中难民还很多，可以在出殡那天散一些钱给流离失所的难民，也胜过施僧十倍。听说难民的数量在官府有记录，是很容易预先计算的。到时候，你们可以请李仲云一同商量（不必请他到家中来，也不必提前让他知道）。至于城中的乞丐，也可以适当施舍一些，但给钱即可，不必管饭菜，以期简便得当，省去那些不必要的花费。把钱财分给穷苦的百姓，也是帮助你母亲增添冥福的好办法。这件事可能要花费成百上千的银两，不必吝惜。

你说墓地周围的山地要宽敞，又要就近买些墓田，恐怕难以凑巧。我的意见是以占卜选择风水好的葬地为主，至于周围山地的宽窄、附近有没有墓田可买，都不必考虑。只是在签订地契时，必须将公私之间的界限、前后协商的各种重要文书仔细清点，才可以成交，免得日后产生争议。另外，买地这件事，必须建立在你情我愿的基础上，绝对不能有一点勉强、有一点以势压人。这件事也有一定的气数，不是人力所能勉强的。如果一定要用心机，略有仗势欺人的情况，便不是好事，也绝对不可能得到好地。

| 简注 |

① 饭僧：向僧人施饭，是佛教认为的一种修善祈福的行为。

② 俵（biào）：散发，分给，给把东西分给别人。

③ 资：帮助。

④ 山场：湘方言中，指山地。

⑤ 分际：界限。《史记·儒林列传》："臣谨案诏书律令下者，明天人分际，通古今之义，文章尔雅，训辞深厚，恩施甚美。"

⑥ 交涉：互相协商，以解决相关事项。

▎ 实践要点 ▎

丧礼自古就是孝道观念的重要内容，而佛教观念对丧葬习俗产生了深刻的影响，比如为死者增加冥福的行为，希望亲人在死后能摆脱地狱之苦，往生净土，于是出现了在丧礼上举行的各种形式的供养，如布施僧人、散钱财给穷苦百姓等。左宗棠虽远在军中，仍时刻惦记食不果腹的难民，相比于在丧礼上供养僧人为周夫人增加冥福，他更加倾向于布施钱财给穷苦百姓的形式。

在为周夫人寻觅墓地的事情上，左宗棠不赞成儿子一定要买宽敞的山地和就近买墓田的想法，认为只要能买到风水好的墓地即可。但要注意签订地契时的相关事项，免去日后可能出现的纷争。他特别强调不能以权势欺压百姓，通过巧取豪夺的手段，将好事变成坏事，是绝对不可取的。这番叮咛，体现了左宗棠关心百姓、爱民、恤民的儒家"仁义"思想，同时也凸显了慈父情怀。他考虑到儿子是为母亲尽孝，其心可嘉，所以没有端出父亲的威严，而是以商量的口吻说出自己的想法，开诚布公，感情真挚。

孝子不俭其亲丧事，典礼①攸关，自不可过于省约。然用费亦宜计算，不可铺张门面②，忘却义理。人言家中光景如此，不能故作寒乞相，此等话亦当留心。理所当用，稍多无碍；所不当用，即一文亦不可用。专讲体面，不讲道理，吾所耻也。

二伯来信云：孝威当母病亟时，曾割臂肉以求疗母。此等处亦见尔天性真挚。但老父力疾督师于外，哀而至毁，独不虑伤厥③考④心耶？勋、同天分均不高，威、宽宜教督学好。丧葬最重，威、宽宜慎裹⑤大事，庶足慰母，亦令我稍释忧怀。至属，至属！先此谕知。

三月十二夜平凉营次

| 今译 |

孝子不能在母亲的丧礼费用方面过于节俭，这是关系到丧礼的重要因素，自然不能太节省。但是所需费用也要计算好，不宜铺张浪费讲求门面而忘记相应的行事准则。旁人认为我们家家境殷实，不能故意表现出寒酸的样子，这样的闲言碎语你们也该当心。应该花的钱，稍微超出一点预算也没关系；不应该花的钱，即使多花一文也不行。只讲体面，而不讲是否符合做事情的道理，这是我感到羞愧的。

你二伯父来信说：孝威在你们母亲重病时，曾经割下肩膀上的肉来帮助治疗。从这些方面可以看出孝威天性真诚恳切。但是，你们的父亲常年在外带兵打仗，如果你们因为母亲的病而损毁了自己的身体，难道没想到父亲会因此伤心欲绝吗？孝勋、孝同天分都不高，孝威、孝宽作为哥哥，应该监督弟弟们的学习。丧礼是最重大的事情，孝威、孝宽应当谨慎地协助家中长辈办好母亲的丧葬这件大事，这才足以告慰母亲的在天之灵，也能使我稍微减轻忧虑和感伤。切记，切记！先在信中嘱咐你们这些吧。

简注

① 典礼：隆重举行的仪式，这里指丧礼。

② 门面：比喻外表或面子。

③ 厥：气闭，昏倒。

④ 考：父亲。

⑤ 襄：帮助，辅佐。

实践要点

左宗棠嘱咐儿子们，在母亲的丧礼方面，应该尽量做到儒家所提倡的"事死如事生"，该花费的钱决不吝惜，将孝子爱亲之心在丧礼的方方面面表现出来。但他反对奢华无度，某种形式上的"厚葬"，左宗棠认为这是非常不明智的。他重点提到，即使围观的人群会有不同声音，甚至是非议，他也希望儿子们增强抗压能力并仔细甄别，依据的原则就是"义理"和"当用"。孝威在母亲生前病重之时，曾有割下手臂上的肉来为母亲治疗疾病的举动，左宗棠深表感动，认为这是孝威出自一片天然无矫饰的孝心；另一方面，从"身体发肤，受之父母，不敢毁伤，孝之始也"的角度来看，他更希望儿子们爱惜身体、节制哀痛，免得让常年在外带兵打仗的父亲担心。

与孝威（丧礼、祭礼当于此时讲明切究）

孝威等阅悉：

墓志刻本^①可于长沙照式刻，即以寄亲友。前属尔等记尔母言行以作家范^②，非为尔母表彰计，盖以尔母言动有法度^③，治家有条理，教儿女慈而能严，待仆媪^④明而有恩，颇非流俗所及，意欲吾家守此弗替^⑤也。盍试为之。

丧礼、祭礼当于此时讲明切究^⑥（堪舆书讲峦头者亦须会^⑦，惟讲理气者太谬，不宜看），以世衰礼废，丧祭尤要。能判数年学礼，亦免马牛襟裾^⑧之诮，即此是孝，亦即此是学也。

七月初二日平凉大营

| 今译 |

墓志铭刻本可到长沙照模板样式刻印，然后寄给亲友。我之前嘱咐你们记录你们母亲的嘉言懿行作为治家的规范，不是为了旌表你们的母亲，而是因为你们

母亲言行有规矩，治家有条理，教育子女严慈并用，对待仆人严肃公正且存有体恤怜悯之心，不是一般人可以做到的，所以我希望我们家族能将你们母亲的这种作风发扬光大。何不试着做这件事呢。

丧礼、祭礼在此时一定要按照规矩来（堪舆类书籍所说墓地要看峦头风水及周围地形布局的内容也应该注意，不过讲理气的地方太荒谬，不宜看），现在世事衰微，礼崩乐坏，丧祭之礼尤其重要。能用几年时间来学礼，也可避免因礼节不周到而被他人嘲笑讥讽，这就是孝，也是你们应掌握的学问。

｜ 简注 ｜

① 刻本：刻版印刷的书籍版本。

② 家范：治家的规范、法度、风教。《旧唐书·崔珙传》："礼乐二事，以为身文；仁义五常，自成家范。"

③ 法度：规范，规矩，行为的准则。《管子·中匡》："今言仁义，则必以三王为法度，不识其何故也？"

④ 媪（ǎo）：老妇人的通称。

⑤ 弗替：文言文短语，意为"不能替代或无以取代"，含有"至高"之意。

⑥ 切究：深究。

⑦ 理会：懂得，领会。注意。

⑧ 马牛襟裾：马、牛穿着人衣，比喻人不懂得礼节。襟、裾，泛指人的衣服。

　　左宗棠在家书中，嘱咐孝威兄弟用心对待他们亡母的墓志铭印刻及分寄亲友等丧葬细节。左宗棠夫人生前淑慎慈俭，治家有方，其行迹非一般的女子可比，足以在家族及乡邻中成为学习的楷模，因此左宗棠想将周夫人的一些言行记录成册，作为家风家范流传后世。

　　左宗棠对于风水采取一分为二的态度来看待，他认为墓地周围的地形重要，但对于风水中的理气之说，则持否定态度。世道衰微，兵连祸结，人伦之礼废弛崩溃，正因为如此，左宗棠尤其叮嘱儿子，须遵照生前奉养母亲的虔诚和敬爱之心举办丧礼和祭礼，这也是践行孝道的真正体现。

与孝威（告诫子孙，俭朴持家）

孝威、孝宽览悉：

　　尔等所说狮子屋场庄田价亦非昂，吾意不欲买田宅为子孙计，可辞之。吾自少至壮，见亲友作官回乡便有富贵气，致子孙无甚长进，心不谓然，此非所以爱子孙也。今岁廉项，兰州书院费膏火①千数百两，乡试每名八两，会试每名四十两，将及万两，而一切交际尚不在内。明春拟筹备万两为吾湘阴赈荒之用，故不能私置田产耳。备荒谷本不宜即以买田，见买之四百石即留为族邻备荒用，但宜择经管②任之，须稍筹经费加给经管。仁风团③亦宜分给，以全义举，此吾当寒士时与尔母惨淡经营者也。

　　尔母每念外家家业中落，尔姨母景况甚苦，虽未向我说过帮贴一字，而意中恒不自释，尔等须体此意，时思所以润④之。

你们所说的狮子屋场庄附近的田亩价格不算昂贵，我原本就没有为子孙购置田产的打算，你们可以推掉。我从少年到壮年，经常看到在外地做官的亲友一回到家乡便流露出种种向人夸耀的富贵气息，导致子孙后代沾染纨绔子弟习气而不思进取，我心里不以为然，这不是疼爱子孙的表现。今年朝廷恩赏给我的养廉银，兰州书院学子求学的费用就需要千数百两，参加乡试的人员每人八两，参加会试的人员每人四十两，加起来差不多有一万两，而其他交际活动的费用尚不包括在内。我准备明年春天筹备一万两为家乡湘阴赈灾，所以没有多余的钱来给你们私置田产。准备荒谷的同时，本来不应该马上考虑置办田产的事，不过如果有合适的机会，可以置买产粮四百石的田产为乡邻备荒用，但要找到一个合适的人来负责管理，还要筹备一些钱给这个负责管理的人。准备赈灾的荒谷也分一部分给仁风团的人，以完成这项义举，（仁风团）是我还在当寒士时与你们的母亲一直苦心经营下来的。

你们的母亲生前常常念及外祖母家族中道衰落，其中你姨母的景况最苦，虽然从未向我提出要从经济上帮助他们，但我懂得她的心思，所以如今你们也要多体会她未了的牵挂，经常想着帮衬外祖母家族的亲人。

| 简注 |

① 膏火：照明用的油火。借指求学的费用。

② 经管：负责管理的人。

③ 仁风团：左宗棠居乡期间，多有赈灾义举。为防备饥荒，左宗棠在湘阴积谷备荒，于道光三十年（1850）在本族中建立了仁风团义仓。这个义仓维持多年，救人甚众。

④ 润：以钱财接济他人。

｜ 实践要点 ｜

这封家书集中反映出左宗棠的金钱观。还在家中当寒士时，他就和夫人一起经营仁风团，接济乡邻。有了俸禄和养廉银后，自己和家人依然勤俭节约，所得薪水绝大部分都用来劝学、治军、赈灾和救济穷困乡邻、同僚以及部下。历史上大多数官员都会回乡买田修建房屋，一来告老还乡时有所托付，二来为子孙后代奠定经济基础。左宗棠并不是这么考虑的，他告诫自己和子孙都不要有买田置业积累资产的富贵气。他想到的是乐善好施、心忧天下，即使买谷买田，也是为了族邻备荒。他还特别嘱咐儿子，要体恤外祖母家族家道中落、日益贫寒的现状，在钱财方面慷慨解囊，生活方面多加照顾，重视骨肉亲情，不忘外祖母家族的恩情。这些都是他身体力行"崇俭广惠"的体现。

林则徐曾说："子若强于我，要钱有何用，贤而多财，则损其志；子若不如我，留钱有何用，愚而多财，益增其过。"左宗棠正是这么考虑的，其子孙后代都成为了自食其力的劳动者，人才辈出。西方国家也有要求子女自己挣学费和生活费，尽早开始自食其力生活的传统。对比一下如今很多"富二代""官二代"

的挥霍无度，孰优孰劣，一目了然。其中的奥妙值得那些总想为子女提供优渥条件的父母深思！

孝宽能当家甚好，昔人当家三年而学益进（记是陆文安公^①语），所谓"是亦为政"，即此是学也。人情世故皆须体贴^②，多一分体贴即多一分阅历，居家做官均是一般。孝威亦宜留意，勿以此为不足学也。

西事败坏至极，吾以一身承其敝^③，任其难，万无退避之理，尽其心力所能到者为之。近时颇多不谅者，然直道^④自在人心，听之而已。抄各疏稿寄尔等阅之。若所事粗^⑤有头绪，吾可乞身则乞身归耳。夏秋间天津夷案几至纷纭，吾所复总署信稿颇不谬，都人士亦有称之者。恐将来不免有东南之行，然衰老颓唐^⑥，无可用矣。

闰月十六夜

| 今译 |

孝宽能独挡一面主持家中族中大小事务，这是好事情，以前的人当家三年而学问更加进步（记得是陆九渊的话），所谓"操持家中事务也是为政之道"，就是指的这种学问。人情世故方面都应该用心体察，凡事多站在他人角度考虑，对人

对世事多一份体会，就会多一分阅历，居家和做官都是同一个道理。孝威要特别留意，不要认为这些不值得下功夫好好学习。

西北战事糟糕极了，我以一人之力承受衰败，面对困难，绝无向后退缩的道理，唯有尽心尽力做自己能够做到的一切。最近虽然有很多人对我表示不理解或不满，但公道自在人心，听之任之罢了。我的各种奏疏稿件，你们可以互相传阅学习。若军中事情有了头绪，我可以早日辞官便早日辞官回家。今年夏秋之间，天津教案引起了轩然大波，我回复总理衙门的信件和奏折还不错，京都的士人中有不少给予称赞的。在不久的将来，也许我还要去东南任职，只是年岁渐老，精力大不如从前，能为国家效力的机会不多了。

| **简注** |

/

① 陆文安公：南宋哲学家陆九渊，陆王心学的代表人物。因书斋名"存"，世称存斋先生。又因讲学于象山书院，被称为"象山先生"，学者常称其为"陆象山"。追谥文安。

② 体贴：体会。

③ 敝：疲惫，困乏，衰败。

④ 直道：正直之道。

⑤ 粗：略微。

⑥ 颓唐：萎靡不振的样子。

《论语》中孔子说："书云：'孝乎惟孝，友于兄弟。'施于有政，是亦为政，奚其为为政？"其中就包含"治国先治家""治家即治国"的理念。左宗棠谆谆教导儿子孝威，处理好族中事务与国家军政事务是同样的道理，因为天下万物的道理是相通的，而非孤立的，不要以为治家当中没有学问，只有将家族中的小事处理妥善，有朝一日才能治理好国家。当代的家长，应该放手让子女参与到家庭事务中来，逐步培养他们分析问题和解决问题的能力。

左宗棠以身许国，所以他能忍常人之所不能忍，对于不理解的流言蜚语，他亦能淡然处之，而只是遗憾自己年岁渐老，不能为国家出更多的力、尽更多的责。他不计个人得失的挺身而出，无疑为子孙作出了杰出的表率。

与诸子（募勇劝捐，从我做起）

　　吾已函告韫斋①中丞，请其择绅募勇②成营，一巨绅总之，以资镇压，以销反侧③。

　　其勇饷非劝捐④不可，劝捐非先从带勇之家起手不可。吾家宜先倾囊⑤，于事方顺。至于湘南绅士，当初寒苦⑥，近已小康⑦，甚则大名显爵，次亦积功至一二品，此皆不世奇逢。值兹乡邦多警⑧，分宜毁家纾难，以佐⑨一时之急。次则经营淮盐诸家，再次则本地绅富，皆应先捐。至照粮摊捐一说，则断不可行，亦以天理人情所不容及也。先友罗忠节⑩、王壮武⑪尝言："乱世之名宜慎，取财货亦然。"王壮武则直谓："天下皆贫，湖南独富；天下皆贱⑫，湖南独贵，是为不祥。"其言虽过，然亦不得议其非也。况当匪徒弄兵⑬，有镇压之责；河伯⑭为虐，有恤灾⑮之责乎？应捐者既捐，则捐输⑯频数者无所借口，亦将不劝而自急也。

　　我已经写信告诉韫斋中丞，请选择乡绅招募乡勇组成队伍，让一位名望突出的乡绅来领头做这件事，用于镇压，以消灭地方上那些不安分的匪徒。

　　招募乡勇的粮饷只有通过劝捐的途径才能获得，劝捐必须先从带领乡勇的将领家开始才可以。我们家应该先尽全力捐助，这样事情做起来才顺利。至于湖南南部的乡绅，先前生活贫穷，现在已到略有盈余的水平，其中有些人已获得很高的爵位和名望，稍微差一点的也是官至一二品，这都是（正好碰到）世所罕有的奇特机遇。现在正值家乡和国家多灾难，我们理应舍弃小家为国分忧解难，以帮助渡过一时的难关。其次，劝捐可以从经营淮盐的各家商户入手；再次，本地的富绅都应该带头先捐。至于说按照收获粮食多少而平均摊派捐款数额的做法，我觉得万万不可，也违背了自然的道理和人之常情。已故的好友罗泽南、王鑫曾经说："乱世时求名要慎重，求财也是同样的道理。"王鑫更是直接说："天下都贫困，只有湖南富裕；各省民众都地位卑下，只有湖南人获得极高的社会地位，这是不吉祥的。"虽然（这些话）有些过头，但我也不能说它有不对的地方。何况现在匪徒兴兵作乱，（我）身担清剿的重任；洪水肆虐，（我）有赈济灾民的责任呢？应该捐的人都捐了，那些多次捐纳官职的人就没有借口躲避了，我们即使不去劝捐，他们自己也会着急。

　① 韫（yùn）斋：刘崐，字玉昆，号韫斋，云南景东人。清嘉庆十三年三月

十七日生，光绪十三年十二月二十日卒于湖长沙，卒年八十。道光八年（1828）优贡生，道光十二年乡试中第二名举人（亚元），道光二十一年中进士，选翰林院庶吉士。从此走上宦海，是晚清时期湖南地区具有重大影响的高级官员。历任翰林院编修、侍讲、侍读学士、内阁学士兼礼部侍郎、鸿胪寺少卿、太常寺少卿、顺天府尹、太仆寺卿、江南正考官、文渊阁执事、湖南学政、湖南巡抚等职。在任湖南巡抚期间，曾督修《湖南通志》以及重修天心阁和城墙、大修岳麓书院。

②　募勇：招集地方乡勇组成兵营。

③　反侧：不安分，不顺从。这里指活跃在四川、湖南境内的哥老会匪徒。

④　劝捐：劝说他人募集财物。

⑤　倾囊：倒出口袋里所有的钱，比喻尽出所有。

⑥　寒苦：贫穷困苦。

⑦　小康：形容略有资产而自给自足的家境。

⑧　多警：危险。

⑨　佐：辅助，帮助。

⑩　罗忠节：罗泽南，字仲岳，号罗山，一字培源，号悔泉，又字子畏。湖南双峰人。晚清湘军将领、理学家、文学家。咸丰六年（1856）在进攻武昌之战中，罗泽南中弹伤重而死。咸丰帝下诏以巡抚例优恤，谥号忠节。

⑪　王壮武：王鑫（zhēn），字璞山，湖南湘乡人，道光五年生。师从罗泽南，咸丰二年（1852）与县令朱孙诒、刘蓉开办湘勇。治军极严，闲时教士兵读《孝经》《四书》。王鑫回湘乡重募湘勇，受到湖南巡抚骆秉章赏识，咸丰七年三

月带兵赴江西打仗，太平军惧之，称"出队莫逢王老虎！"后过度劳累，感染热疾，病死在江西营中。临死前，将曾国藩所赠的《二十三史》留给张运兰。年仅三十三岁，谥号壮武。

⑫ 贱：旧时指地位卑下。

⑬ 弄兵：兴兵作乱。

⑭ 河伯：古代神话传说中的黄河水神。

⑮ 恤灾：解决灾难。恤，救济。

⑯ 捐输：即捐纳，又叫赀选、开纳，有时也称捐输、捐例，指捐资纳粟换取官职、官衔。

实践要点

左宗棠自奉、奉家都一贯秉持节俭的作风，家财少有盈余。当国家有难之时，他不仅兢兢业业事君治国，力挽时代狂澜，还身先士卒要求家族子弟舍小家为大家，倾囊捐助钱财，不考虑一家一己之私。此等慷慨义举，无疑是家族子弟最能感同身受的榜样，并能将"崇俭广惠"的家风发扬光大，以延世泽。

同治十年

与孝威孝宽（母仪淑慎，家道以成）

孝威、孝宽知之：

　　正月二十一日始接孝宽腊八日一函，知尔母墓工将次告竣，心中稍慰。但未言土色何如，深浅何如。孝威想已回家，何不详写一信告我也？尔等所作行述多不妥，暇时改正寄归。尔母一生淑慎，视古贤媛无弗及也。吾家道赖以成，无内顾忧。今在军经画①边事，昼夜鲜暇，然每念尔母，辄废寝餐。未知何日事定还山，一践同穴夙约②，思之慨然！二伯今年七十，精神想尚如常。寿日是否开筵③召客？前交刘玉田带回皮衣，当于腊月到矣。得若农观察信，知已拨二百两归家，为每年甘旨④之奉，计尔等亦接到转奉。

　　　　　　　　　　辛未正月三十日平凉大营

| **今译** |

正月二十一日才接到孝宽在腊八节那天寄来的家书一封，得知你们母亲的

坟墓将要竣工，我心中稍微感到安慰。但信中并没有提到墓地的泥土颜色如何，（墓穴）深浅如何。想来孝威已经回到家中，为什么不详细写一封信告诉我呢？你（为母亲）所写的行述，有许多不妥当的地方，等我有空闲的时候，修改好再一并寄回。你母亲一生贤淑谨慎，就算是与古代有名的贤惠女子相比也并不差。我们家能有现在的家业，全靠你母亲在家操持才免去了我的后顾之忧。如今，我在边疆筹划战事，日夜都没有闲暇，不过每每想起你母亲，就忘记了吃饭和睡觉。不知战事何时结束，让我回家履行和你母亲同穴的誓言呢？想到这些我就感慨万千！

你二伯今年七十了，精神状态应该仍与从前一样吧。他大寿那天是不是请了很多客人？前段时间交给刘玉田带回的皮衣，腊月应该寄到了吧。收到王若农观察的信，得知已经拨了二百两银子作为每年奉养双亲的费用，相信你们已经收到并转达。

| 简注 |

/

① 经画：经营筹划。

② 夙（sù）约：从前的约定。夙，素有的，旧有的。

③ 开筵（yán）：举行宴会。

④ 甘旨：指对双亲的奉养。

左宗棠非常思念贤内助周夫人，在为她撰写的墓志铭中曾以"珍禽双飞失其俪，绕树悲鸣凄以厉"诉说衷肠。因此，他虽南征北战席不暇暖，但心系家中亡妻墓地的修建情况，连墓地泥土颜色、墓穴深浅等信息都急于知晓，希望儿子来信详细告知。他要求子女为去世的母亲认真写好行述，写完后他不满意，打算在空闲时仔细修改，希望子女们铭记这位"视古贤媛无弗及也""吾家道赖以成，无内顾忧"的母亲，同时也寄托自己的哀思。他在家书中多次提及亡妻，对周夫人可谓一往情深，堪比苏轼对发妻王弗的悼念。同时，他对家中其他人，也是关怀备至，关心二伯的精神状态和生日的庆祝方式，寄回皮衣作为生日礼物，读来十分感人，体现了他家国并重的情怀。

"爱的教育"是家庭教育中最核心的部分。左宗棠对家人充满了爱，由此延伸到穷苦难民和寒门士子，奠定了他"崇俭广惠"的思想基础。夫妻关系是家庭关系中最重要的关系，左宗棠与周夫人同甘共苦、相互欣赏，曾立下"生为同室亲，死为同穴尘"的誓言，他们夫妻恩爱是对子女最好的不言之教。这些都值得为人父母者学习！

同治十一年

与孝威（反对家中铺张浪费，养口体不如养心志）

　　家中加盖后栋已觉劳费，见又改作轿厅，合买地基及工料等费，又须六百余两。孝宽竟不禀命，妄自举动，托言尔伯父所命。无论旧屋改作非宜，且当此西事未宁、廉项将竭之时，兴此可已不已之工，但求观美，不顾事理，殊非我意料所及。据称欲为我作六十生辰，似亦古人洗腆①之义，但不知孝宽果能一日仰承②亲训，默体③亲心否？养口体不如养心志④，况数千里外张筵受祝，亦忆及黄沙⑤远塞、长征未归之苦况否？贫寒家儿忽染脑满肠肥⑥习气，令人笑骂，惹我恼恨。

　　计尔到家，工已就矣。成事不说，可出此谕与尔诸弟共读之。今年满甲之日，不准宴客开筵，亲好中有来祝者照常款以酒面，不准下帖，至要，至要！御书⑦四字可恭悬住宅中间，轿厅则不宜也。

家中加盖后面一栋房子已经觉得很浪费了，如今你们又将轿厅重新装修，光买地基及材料费用又需要六百两银子。孝宽竟然不征求我的意见，自作主张，还借口说是你伯父的主意。旧屋改造是否合适暂且不说，现在正是西北战事还没有平息、养廉银即将枯竭之时，开始做这种没有必要的工程，你们只求美观，而不顾事理，是我始料未及的。据（孝宽）说准备给我在家中过六十岁生日，好像是古人所说孝敬父母的意思，但不知孝宽果真能够有一天遵从父亲的训导，默默体会父亲的心意呢？在物质上满足父母的口腹之欲，不如在精神上顺从父母的心意，何况千里之外为父亲大摆生日宴席接受亲友的祝贺，是否想到过父亲远赴边塞、征战未归的劳苦呢？我们世代都是贫寒的读书之家，却没有想到（孝宽）竟沾染了养尊处优、追求奢华的陋习，惹人讥讽和耻笑，令我十分生气。

估计等你到家，工期已经完成。过去的事情就不说了，你可以把这封信拿给弟弟们一起读，让他们了解我的心思，以免下次再犯这样的错误。我今年六十寿诞，不许大宴宾客，亲朋好友中如果有人来祝寿，照常款待，但不准下请帖，切记，切记！御书四个字，你们要恭恭敬敬悬挂在住宅中间，挂在轿厅则不合适。

| 简注 |

① 洗腆（tiǎn）：谓置办洁净丰盛的酒食。多指用来孝敬父母或款待客人。

② 仰承：敬仰承受，多用于下对上的敬辞，指遵从对方的意图。

③ 默体：默默体会。

④ 养口体不如养心志：养，使身心得到滋补和休息。口体，口和腹；口和身体。心志，心意。在物质上满足父母的口腹之欲不如在精神上顺从父母的心意。语出《孟子·离娄上》："曾子养曾晳，必有酒肉；将彻，必请所与；问有余，必曰'有'。曾晳死，曾元养曾子，必有酒肉；将彻，不请所与；问有余，曰'亡矣'，将以复进也。此所谓养口体者也。若曾子，则可谓养志也。事亲若曾子者，可也。"可翻译为：曾子奉养他的父亲曾晳，每餐必有酒肉。撤除食物时，必定请问剩余的酒肉给谁。曾晳问他还有没有剩余时，必定回答说'有'。（因为父亲曾晳这么问，一定是想要送别人一份。）曾晳死后，曾元奉养他的父亲曾子，每顿必定有酒有肉。撤除酒食的时候，并不请示剩余的给谁。曾子问他还有没有剩余，便说'没有了'。曾元是想将剩下的饭菜下顿再进奉给曾子。这就是所谓的奉养口体。像曾子这样奉养父亲，就可以称为奉养父亲的心意。侍奉父母能像曾子那样就可以了。

⑤ 黄沙：沙漠地区。

⑥ 脑满肠肥：形容不劳而食，养尊处优无所用心，养得肥头大耳的样子。脑满，指脑袋肥耳朵大。肠肥，指肚子大身子肥。也比喻终日饱食无所用心的庸夫。

⑦ 御书：皇帝亲写的文字。

| 实践要点 |

孝宽在家中先斩后奏地私自加盖后栋又改作轿厅，共需六百多两花费，他说

是伯父的意见，还准备在家中庆祝父亲的六十岁生日。一贯崇俭的左宗棠对此极为反感，指出"养口体不如养心志"，痛批孝宽"贫寒家儿忽染脑满肠肥习气，令人笑骂，惹我恼恨"，并明确告诫："不准宴客开筵，亲好中有来祝者照常款以酒面，不准下帖"，以杜绝富贵人家习气。

孟子说，对父母的孝顺有三个层次，依次为"养口体"、"养心志"、"大孝终身慕父母"（只有最孝敬的人才终身都爱慕着父母）。自古以来，中国传统的孝道就偏重于让父母在精神方面感到愉悦。对比当下的"啃老族"、常回家看看后连吃饭都在玩手机的"手机一族"和以为给钱就是孝顺的心理，我们应该从左宗棠对儿子的教导中反思怎样才是真正的孝顺。

与孝威（慎爱其身，庶免数千里老人牵挂）

孝威知之：

得沈吉田书，知尔三月初八日已抵荆紫关①，计顺流出樊城②，下鄂渚③，无须多日。鄂至长沙，只须北风数日，此时当已抵家。咳嗽全愈，仍当多服滋阴补肺之剂。尔体气虚弱，吾每忧之，须时以亲忧为念。凡可以爱其身者，无不慎益加慎，庶免数千里老人牵挂耳。前闻丁侄噩耗，当即作书；并将润儿信寄尔，由若农处转递，计已接到。二伯年老值此，心绪哀切不问可知。病势恐因此有增无减，如需药品，可分奉之，我处当再觅寄。

四月四日

| 今译 |

收到沈吉田的书信，知道你三月初八已经抵达荆紫关，将要顺江离开樊城抵达武昌附近，不需要多长的时间。从湖北到长沙，顺着北风只需要几天，想必你现在已经到家。你的咳嗽虽然已经痊愈，还是应该多服滋阴补肺的药剂。你体质比较虚弱，我经常感到担忧，你要时时将父亲的担忧放在心上。凡是懂得爱惜自己身体的人，在日常生活中便会更加谨慎小心，这样才能避免让千里之外的老父亲牵挂。

前段时间接到丁侄去世的消逝，当时便写了家书；并将润儿的信一并寄给你，由若农转送，想来已经送达。你二伯老年痛失爱子，悲痛的心情可以想见。我担心他的病情会因此加重，需要哪些药品，你要及时分送他，我会想办法再给你们寄送。

｜ 简注 ｜

／

① 荆紫关：荆紫关镇位于河南淅川西北部，地处豫、鄂、陕三省结合部，素有"一脚踏三省""鸡鸣三省荆紫关"之称。

② 樊城：为襄阳所辖镇，位于湖北西北部，汉水中游。

③ 鄂渚：一个较为广泛的区域，在不同的时期，"鄂渚"所指的地点有时是不一样的。大致说来，上起武汉市江夏区，下至鄂州市鄂城区，东止黄石市区，南止大冶，长江南岸这一片区域，均在"鄂渚"的范围之内。语出《楚辞·九章·涉江》："乘鄂渚而反顾兮。"

｜ 实践要点 ｜

／

体弱的孝威从陕甘回乡，老父一直在掐着指头估算他的行程，叮嘱他要继续服药，一定要照顾好自己的身体，以免让老父牵挂。细语唠叨中只见一片拳拳慈父之心！如果说严格要求能督促孩子在成长的路上不断完善自我，那么"爱"无疑能给孩子更多的安全感，让其内心永存温暖的归处。同样，对于迟暮之年痛失爱子的二伯，他也十分惦念，嘱咐儿子们对二伯的日常起居多加照料，生活上有需要帮助的地方，应当多加体察。

与孝威（谈曾国藩去世及君臣朋友之道）

孝威览：

曾侯①之丧，吾甚悲之。不但时局可虑，且交游情谊亦难恝然②也。已致赙③四百金，挽联云："知人之明，谋国之忠，自愧不如元辅④；同心若金，攻错若石⑤，相期无负平生⑥。"盖亦道实语。见何小宋⑦代恳恩恤⑧一疏，于侯心事颇道得着，阐发不遗余力，知劼刚⑨亦能言父实际，可谓无忝⑩矣。君臣朋友之间，居心宜直，用情宜厚。

从前彼此争论，每拜疏⑪后即录稿咨送，可谓锄去陵谷，绝无城府⑫。至兹⑬感伤不暇之时，乃复负气耶？"知人之明，谋国之忠"两语亦久见章奏，非始毁今誉，儿当知吾心也。丧过湘干⑭时，尔宜赴吊以敬父执⑮，牲醴肴馔⑯自不可少，更能作诔⑰哀之，申吾不尽之意，尤是道理。吾与侯所争者国事兵略，非争权竞势比，同时纤儒⑱妄生揣疑之词，何直一哂⑲耶？

四月十四日

曾国藩去世，我感到很悲痛。他的离去，不但影响到这个多危多变的时局，而且我一回想起和他多年之间的交往情谊便难以淡然处之。我已经派人送去四百两银子作为奠仪，并附上挽联一副："知人之明，谋国之忠，自愧不如元辅；同心若金，攻错若石，相期无负平生。"（为国谋划的忠诚，善辨人才的英明，我自愧不如曾侯你呀；我们俩既像琢玉的石头和玉石互相打磨那样，不留情面地指出彼此的错误，又同心协力共赴国事，像黄金一样坚固，不辜负平生的交情。）这些都是我发自内心的实话。何璟上疏朝廷的谢恩表写得言辞恳切，阐述得十分全面，很符合曾侯生前的心思，我也深知劼刚能够懂得他父亲的心声，所写的奏折都是根据实际情况来的，可谓无愧了。君臣朋友之间相处，内心应该正直，感情应该深厚。

从前，我们也因政见不同而产生争执，我以前给朝廷的奏折，每次写好后都抄录一份寄给他，两人之间并没有隔阂，更没有城府（不是外界猜测与想象的那样）。如今到了这个地步（指曾国藩已去世），我连感伤都来不及，还会去争长短、生闲气吗？"知人之明，谋国之忠"两句话很久之前就写在奏章里了，不是现今特意而作的褒奖之语，你应该了解父亲的心意。当曾家接丧的队伍路过湘江时，一定要代表我上船去祭奠，牺牲、美酒、菜肴等祭品一定要丰富，一件也不可缺少。还要作一篇祭文来表达敬佩感伤之情，将我在挽联中未能充分表达的深意表达出来，更是情理之中的事。

我和曾国藩平日的争执都是针对如何治国和用兵的公事，并不是为了个人的争权夺势（这也就是左宗棠要儿子在诔文中强调的"尤是道理"），我们这个时代的小儒们，对我和曾侯之间的争执妄加猜测，生出许多不实之词，简直不值得一笑。

| 简注 |

/

① 曾侯：曾国藩。同治年间封为一等毅勇侯。曾国藩死于同治十一年（1872）3月12日。

② 恝（jiá）然：无动于衷，冷淡的样子。宋辛弃疾《醉翁操》词序："又念先之与余游八年，日从事诗酒间，意相得欢甚，于其别也，何独能恝然。"

③ 致赙（fù）：吊丧的礼金。《玉篇》："赙，以财助丧也。"《礼记·曲礼上》："吊丧弗能赙。"

④ 元辅：国之重臣。语出班固《涿邪山祝文》："晃晃将军，大汉元辅。"

⑤ 同心若金，攻错若石：两人同心协力，友谊像黄金一样坚固；两人相互砥砺，不留情面地指出对方错误。攻错若石，出自《诗经·小雅·鹤鸣》："他山之石，可以为错……他山之石，可以攻玉。"错，是一种可以琢玉的石头，即它山的玉石，可以用来雕琢美玉。即通过学习借鉴他人的经验和做法，提高自己的素质和水平。比喻毫不留情面地指出对方的错误。

⑥ 相期无负平生：相互期许做这样的真朋友，才不辜负我俩平生的交情。

⑦ 何小宋：即何璟，字伯玉，号小宋、筱宋，广东中山小榄人。道光二十七年（1847）进士，历任翰林院编修、江南道监察御史、给事中、道员等。

咸丰七年（1857）英法联军陷广州，上疏弹劾两广总督叶名琛、广东巡抚柏贵，名震一时。后连上八疏，说明战守要略，举世瞩目。同治元年（1862）入曾国藩军总办营务处，同治三年江宁克复，功授安徽按察使、布政使，翌年任湖北布政使，后护理湖北巡抚。其间，周密行事，助曾国藩裁撤湘军，平定叛军及省内捻军，再擢山西、福建和江苏巡抚。同治十一年署理两广总督，光绪二年（1876）授闽浙总督，后兼福建将军、福建巡抚，任内积极筹划海防，以应法、日。写褒扬曾国藩奏章时在两广总督兼署办理通商事务大臣任上。

⑧ 恩恤：对臣民的照顾、周济或身后的抚助。

⑨ 劼刚：即曾劼刚，曾国藩之子曾纪泽，字劼刚，号梦瞻，清末大臣，外交家，与郭嵩焘并称。光绪三年（1877），袭父一等毅勇侯爵。光绪四年起，任驻英、法、俄国大使。光绪六年出使俄国，与左宗棠在新疆之武力相协同，与沙俄坚韧交涉，修改崇厚与俄国所签卖国条约，光绪七年正月（1881年2月），达成《中俄改订条约》（即《中俄伊犁条约》），恢复大片领土及利权。

⑩ 忝：有愧的意思，常作谦辞。

⑪ 拜疏：古时大臣写好奏章上奏朝廷前，先放在香案上焚香上拜，以示尊重朝廷。

⑫ 锄去陵谷，绝无城府：可算是胸怀坦荡，无所隐藏。锄去陵谷，铲平高丘，填平山谷。比喻胸怀坦荡，平坦如砥。锄，这里做动词，铲平。陵谷，出自《诗经·小雅·十月之交》："高岸为谷，深谷为陵。"毛传："言易位也。"此处锄去陵谷，引自韩愈《游青龙寺赠崔大补阙》："惟君与我同怀抱，锄去陵谷置平坦。"城府，语出《后汉书·庞公传》："居岘山之南，未尝入城府。"原指官府，

后喻为心机多而难测。晋干宝《晋纪总论》："昔高祖宣皇帝……性深阻有如城府，而能宽绰以容纳。"《宋史·傅尧俞传》："尧俞厚重寡言，遇人不设城府，人自不忍欺。"

⑬ 至兹：到了这个地步。

⑭ 湘干：湘江边。江边称江干。杜甫《宾至》："漫劳车马驻江干。"

⑮ 父执：父亲的朋友。出自《礼记·曲礼上》："见父之执，不谓之进，不敢进；不谓之退，不敢退；不问，不敢对。"孔颖达疏："见父之执，谓执友与父同志者也。"《幼学琼林》："父所交游，尊为父执；己所共事，谓之同袍。"

⑯ 牲醴（lǐ）肴馔：祭祀用的牺牲、美酒和菜肴等祭品。牲，本义指古代供祭祀用的全牛，后泛指供祭祀、盟誓及食用的家畜，包括牛、羊、豕、马、犬、鸡等。醴，本义是采用稻、麦、粟、黍等不同等级的谷子酿造的酒。特指美酒。肴馔，丰盛的饭菜。如清蒲松龄《聊斋志异·阎罗宴》："静海邵生，家贫。值母初度，备牲酒祀于庭，拜已而起，则案上肴馔皆空。"

⑰ 诔（lěi）：古文的一种文体，专门用来吊唁死者。《说文》曰："诔，谥也"。《墨子·鲁问》："诔者，道死人之志也。"

⑱ 纤儒：纤小的儒生，贬义词。

⑲ 哂（shěn）：讥笑。

| 实践要点 |

这封家书是左宗棠在与曾国藩历经八年不通音信后唯一一封表明心迹的重要

文献，历来为研究者所重视。除了其中包含评价曾国藩与二人交情的微言大义外，从家庭教育的角度来说，还有两点颇值得关注：一是尽管曾左二人交恶已久，但左宗棠捐弃前嫌，饱含深情地高度评价曾国藩，想到的还是国事艰难，表达了一位父亲胸怀坦荡、为人处世光明磊落的作风；二是父子之间流露真情，父亲把儿子当成了知心朋友，好似父亲在向一位好友倾诉。

这两点都是为人父母者应当尽力去做到的。《论语》说："君子坦荡荡，小人长戚戚。"父母能为子女树立一个坦荡磊落的榜样，则可培育出有胸怀、有情怀的家风，对子女一生成长大有裨益。另外，现代家庭生活中最大的问题就是存在代沟，家庭成员之间多抱怨观点不同、交流不畅，一般都指责对方不理解自己，其实每个人更应该扪心自问：能否换位思考？我是否理解对方的想法？能否以情换情、以心换心？每个家庭成员都应该想到：生活在不同时代和不同成长环境中的人肯定有不同的观点，有分歧不可怕，可怕的是不能平心静气地沟通。理想的状态是双方能够无话不谈，情同兄弟或姐妹。父母与子女若能相互尊重、互诉衷肠，何愁茅塞不开、心结不解？

与威宽勋同（凡可博老人欢者极力为之，兄弟相为师友勿比匪人）

威、宽、勋、同知之：

得威书，知四月朔①已抵家，慰甚。腰疼、咳嗽已痊愈否？格外葆慎，勿贻吾忧也。

二伯病状，前得宽书已知大概，恐心疾不可愈矣。中年哀乐多端②，足损怀抱③，况老年多病，何以堪此？尔辈但常省视④，凡可博老人欢者极力为之，或有时渐忘忧戚，亦未可知耳。

| 今译 |

收到孝威的书信，得知四月初一已经到家，我便放心了。不知道你的旧疾腰疼和咳嗽是否好了？一定要特别注意保养，不要让我担心牵挂。

关于你二伯的病情，从孝宽此前的家书已经大概知道了，恐怕心病是治不好了。对于中年人来说，各种各样的哀伤和喜乐之事都会损伤身体，何况（二伯是）多病的老年人，怎么能经受这样的打击和折磨呢？你们作为侄儿，应该常去二伯处看望走动，能够给他带来快乐的事情都要积极去做，或许你二伯能暂时忘记丧子之痛，这也是不一定的。

| 简注 |

／

① 朔：每月的第一天，即初一。

② 多端：多种多样。

③ 怀抱：本指心意、胸怀，这里指身体。

④ 省视：看望。

| 实践要点 |

／

二哥左宗植因为丧子之痛，遭受白发人送黑发人的刺激，身体每况愈下，让千里之外的左宗棠非常担忧，因此他让儿子们多去看望二伯，尽力做一些能带给他快乐的事情，以减轻他的忧伤。老年人最需要的是什么？不是物质财富，而是亲情陪伴。左宗棠叮嘱儿子们，要视二伯为自己的父亲，尽量多陪陪他，正是由于这种态度，这个大家族里才不缺乏温暖和亲情。当然，不仅仅对亲戚中的长辈该这样，还要"老吾老以及人之老"，推己及人，对周围需要关爱的老人都应该施以援手，有时间就多陪伴，因为老人的今天就是自己的明天。

家中土木之工计已完竣。宽书来，极知谬误，吾亦不深责。尔辈须时以老父为念，勿以庸妄①时撄②父怒。读书行己，刻求精进③，兄弟相为师友，勿比匪人④，吾之愿也。尔母三年终矣，此三年中，家中一切能如尔母在时否？庶母已老，家事一切不必操劳，儿妇诸宜照管，"勤俭忠厚"四字时常在意，家门其有望乎！

五月十二夜安定大营

| 今译 |

家中改作轿厅的工程想来已经完工。孝宽来信，极力表达了他知错的忏悔之情，我也就不再深究了。你们应该时常想到年迈的父亲，不要做浅陋妄为的事情惹老父生气。读书和自律方面要时刻努力追求进取，兄弟之间好比师友，互敬互爱，彼此之间多鼓励与鞭策，不要成为相互不亲近的人，这便是我对你们的期望。不知不觉中，你们的母亲去世已经三年了，家中是否仍和你们的母亲活着时一样？你们的庶母年事已高，凡事不必再让她操劳，儿子儿媳们多承担一些，将"勤俭忠厚"四个字常常放在心上，家族的兴旺发达才会有希望吧！

/

① 庸妄：浅陋妄为，如清初黄宗羲《明夷待访录·取士下》："究竟功名气节人物，不及汉唐远甚，徒使庸妄之辈充塞天下。"

② 撄（yīng）：触犯。

③ 精进：一心努力进取。

④ 匪人：不是亲近的人。《易·比》："比之匪人。"王弼注："所与比者皆非己亲，故曰比之匪人。"

| 实践要点 |

/

短短一段家书中，饱含老父的多重叮咛和一片深情。

孝威知错能改善莫大焉，做父亲的就不深责了，但是孝顺父母最重要的是不要做出无知浅陋的事情让长辈生气，精神上的愉悦比什么都重要。

读书上进，努力进取，一刻也不能停息。兄弟之间要像师友一样，相互砥砺切磋，既要有深厚的感情，更要成为良师益友，不能当好好先生没有原则，那样不利于双方的成长。

母亲去世已经三年，纪念母亲最好的方式就是牢记她的教诲，延续她一以贯之的好家风，从中又可见左宗棠与夫人周诒端的伉俪情深！

道光十六年（1836），由于周老夫人（王慈云）的支持和周夫人（诒端）的决意，促成左宗棠纳周夫人的贴身丫环张氏为妾。虽然庶母张夫人在家，但是她年老体衰，儿女们要多操持家务，减轻她的辛劳，可见左宗棠对张夫人也是很关心的。

诸多教诲，一言以蔽之，就是"勤俭忠厚"。左宗棠希望以此传家兴家，几百年来家族发展的事实证明，左氏后人未负苦心！

与孝威（须时常在意服内兄弟子侄）

前函未发，复接四月十七日书，具悉家中光景①。二伯忧伤成疾，何能猝②愈？应备一切，应早料理。癸哥在浙，有信归否？官可不作，子职不可不尽也。

九伯、十伯、楷叔近来可免饥困，聊慰我意，每月馈食③可缓。然吾每见世俗骨肉，一经异居便如路人，各私其妻子④，视服内⑤兄弟子侄毫不介意，心窃以为不可。尔曹但能时常在意，庶毋伤天性，可以教家，可以保世⑥也。

二舅决意移居县城，当有以周⑦之，毋失其欢⑧。尔母兄弟仅存一矣。孟翔⑨未婚之妇如果过门守贞，则前二百金尚不足，当益以三百金，一赡贞女，一为二舅甘旨之奉。或为经营生计置一恒产⑩，月取其息，归之贞妇可耳。（此节暂勿出口，望门守节⑪必视本人立志如何，此大难事也。）

少云、大姊偕居福源巷，小淹是否尚留人住？诸孙读书有进，吾闻之喜。但须令其勿囿于科名之学，多读正⑫书为要。

五月十七日

前封家信尚未寄出，又收到四月十七日寄来的家书，知悉家中的情况。你二伯忧伤成疾，又怎么能一下子好起来呢？应该早点为他的身后事做准备，打点好一切。癸哥仍在浙江，是否写信回去？官可以不做，但作为儿子应尽的孝道不能少。

近来，你九伯、十伯和楷叔缺衣少食的境况有所改变，我听了心里感到很欣慰，你们的馈赠可以暂时减少。然而，我每当看到世间的骨肉兄弟，因为分家之后便如同路人，都只顾自己小家庭的妻子和儿女，对家族内血缘关系稍远的兄弟子侄漠不关心，我便感到很悲哀。你们处理宗族内的人伦关系要时刻注意这点，才不至于泯灭人的天性，这样才可以教育家族成员，才能保持家族的世代相传。

二舅决定搬家到县城，你们应当尽量周济他，不要让他不高兴。你母亲的兄弟现在仅存你二舅了。周孟翔没有过门的媳妇，如果决定守贞，那么之前的二百两银子还不够，需要加到三百两，一来用作维持贞女的生活开销，二来作为你二舅的养老费用。或者想着帮他置买田地或房屋等不动产，每月能够固定收取利息，收入归贞妇也可以。（不过这种考虑暂时不要传出去，因为望门守节要看贞妇本人的志向，切不可强求，这是一件大难事。）

你少云大姐、大姐夫都搬到福源巷去了，安化小淹是否还有人留在那里住呢？孙子们读书有进步，我感到很欣慰。但要好好教导他们不可限于科举功名之学，要多读合乎规范的书。

/

① 光景：景况，或指生活情况。

② 猝（cù）：突然。

③ 馈（kuì）食：指馈赠食物。泛指馈赠、资助。

④ 妻子：古汉语一字一义，指妻和子，即妻子和儿女。

⑤ 服内：古人将亲属之间的血缘关系分为五种，以确定服丧时对应的五种孝服，称为"五服"。亲者服重，疏者服轻，依次递减。所以"服内"也意指族内兄弟子侄的亲疏关系。

⑥ 保世：保持家族的世代相传。

⑦ 周：接济，救济。

⑧ 欢：快乐，高兴。

⑨ 孟翔：周夫人弟弟之子周孟翔，未及结婚就因病去世。

⑩ 恒产：田地房屋等比较固定的产业，不动产。

⑪ 望门守节：女子订婚之后，未婚夫死了还来到夫家不再嫁。

⑫ 正：合乎规范的、合乎法则的。

│ 实践要点 │

/

这封家书继续谈"奉亲""孝养"的话题。二伯老年丧子，左宗棠要求儿子们落实到行动上，对痛失爱子的老人多一些精神上的安抚。对于社会上因为分家而导致漠视血缘亲情的做法，左宗棠持批判态度，他认为淡漠亲情意味着家族成员离心离德，也是对忠孝传家信念的消解，不利于家族的生存和发展。他告诫孝威，尽量多帮助家族中的亲人，大小事情应该互相照应，形成和睦互助的家风。

左宗棠早年生活贫困，入赘湘潭望族周家，在经济在获得了妻子一家的帮助。后来，妻族渐渐衰落，但对于曾经资助过他的亲友，仍存有感恩图报的心理，一直非常牵挂他们。他多次嘱咐孝威要在力所能及的范围内周济母舅一族，在感情上多亲近舅舅、姨母们，表现了左宗棠重情重义、厚德育人的风范。

与威宽勋同（以近名为耻）

威、宽、勋、同知悉：

湖南议刻《楚军纪事本末》一书，有信来属①抄奏稿、文札，我有书复之，阅后递去，并录稿留家中为要。我平生颇以近名为耻，不求表曝②，《楚军纪事本末》一书可不挂名其间。至关系湖南各大件，有张、骆、曾章奏具在，不必虑其掩抑。此时吾湘极盛，实则衰机已伏。诸公不以去奢去泰③诚其乡人为少留地步计，乃以止谤为桑梓④谋此，我所不解也。

恤无告及他义举应用之费，我所不惜，尔自斟酌可也。余三伯之季子来，当饬⑤其还，以四十金作路费。日升父子及某三人来，畀⑥以五十四两作路费外，以十两给日升子新盛（此子似能作田），均不准逗留。

丰孙寄呈字甚端秀可爱，赏以尼山砚及湖笔、徽墨、摆包外，一砚留赐诸孙能读者。可饬丰孙写谢禀来，看其有文理否。陶氏孙女出嫁，应与奁资⑦。二外孙入邑庠⑧，可赏以笔墨。近得阁帖⑨数本（明肃王刻，此间板尚存），有便再寄归分赏也。少云处不及复信。

十月二十七夜

今译

湖南那边商议要刊刻《楚军纪事本末》一书，专门有人为此事写信给我，托付抄录奏稿、文札等具体事宜，我有信回复，你们阅读之后尽快送去，记住要抄录底稿留在家中。我向来很以徒有虚名为耻，不求显露，《楚军纪事本末》一书不必将我的名字列入作者当中。至于与湖南相关的大事件，张亮基、骆秉章、曾国藩等人的奏章俱有留存，不必担心有所隐瞒。现如今，大家都说湖南到了极盛时期，其实已经隐含走向衰败的苗头。各位不以去除奢侈和过度来告诫湖南乡亲，以便为日后稍稍留有余地，而以制止诽谤作借口来为家乡做这件事，这是我不能理解的。

救济他人不用告诉我，以及其他义举所产生的费用，我决不吝惜，你们自己看着办吧。你三伯的小儿子来探亲，已告诫他早点回家，送四十两银子作为路费。日升父子及另外三个亲戚来，赠送五十四两银子作为路费，另有十两给日升的儿子新盛（他好像种田的技术很不错），都不准多作逗留。

丰孙的字很是端秀，让人喜欢，我赏给他一些尼山砚、湖笔、徽墨、摆包等，此外还有一方砚台留给孙子中读书读得好的孩子。可以让丰孙给我写一封感谢的信，我顺便看看他写的文章文句是否通顺。陶家的孙女出嫁，我们从道理上来说应该置办嫁妆。两个外孙入县学了，可以赏些笔墨。近来我得到好几本阁帖（明肃王刻，此处刻板尚存），如果有更多，我便寄回家，分给大家一起赏玩。少云那里来不及写回信了。

① 属：古同"嘱"，嘱咐，托付。

② 表曝（pù）：暴露，显露。

③ 去奢去泰：去除奢侈、过度，意思是做事情不能太逾越它的本分。语出《老子》第二十九章："是以圣人去甚、去奢、去泰。"

④ 桑梓：故乡。

⑤ 饬：古同"敕"，告诫，命令。

⑥ 畀（bì）：给予。

⑦ 奁（lián）资：嫁妆。

⑧ 邑庠：庠，学校，明清时期叫州县学为"邑庠""郡庠"，所以秀才也叫"邑庠生""郡庠生"。

⑨ 阁帖：《淳化秘阁法帖》（十卷），历史丛帖，简称《阁帖》。宋淳化三年（992），宋太宗赵光义出秘阁所藏历史法书，命王著编次，标明法帖，摹勒于枣木板上，大臣进登二府，则拓赐一本。《阁帖》是我国第一部著名法帖。自汉章帝至唐高宗，著名臣至二王唐柳，共存书家103人，作品约420篇。从此，大量古人书法墨迹赖它得以保存，被后世誉为法帖之冠，功在千秋。

| 实践要点 |

/

左宗棠对湘人准备议刻《楚军纪事本末》一书这件事持批判态度，他认为著书立说的目的是养德，是为涵养整个社会的高尚风气，而非用来置换荣名利益。作为传统文人士大夫，左宗棠对于刻书本身并不反对，但告诫诸公要多反躬自省，去除博取虚名的骄奢姿态，多为子孙后代积攒些余庆，仍是"笃根本、去浮华"思想的一脉相承。

对于周济乡邻及族人的义举，左宗棠采取一贯鼓励并支持的态度。他告诫子孙多行善事，善待身边需要帮助的穷苦百姓。耕读传家与经世、济世的仁者情怀紧密相连，亦是声施乡邦、振兴家族必须恪守的操行。

左宗棠关心孙辈的学业。家庭教育从娃娃抓起，他深知对家族子弟的教育开展得越早越好，因为幼童神思专一，具有很强的可塑性。从他赏给孙子们的砚台、湖笔等，可以看出左宗棠对于家庭教育持之以恒、从不松懈的重视，同时也彰显出诗书之家的文化品位。

与威宽勋同（名之传不传，声称之美不美，何足计较）

威、宽、勋、同知之：

吴南屏、郭意城、罗研生、曹镜初前有书来，欲辑《楚军纪事本末》为一书，意在表章余烈①，用心周至②，陈义③甚高，实可佩慰④。惟我所虑者，吾湘于咸丰初年首倡忠义，至今二十余载，风流未沫⑤。诸英杰乘时树绩，各有所成，为自来未有盛事。此时正宜韬光匿采⑥，加以蕴酿，冀后时俊民辈出，以护我桑梓，为国干辅⑦。不宜更事铺张，来谗慝⑧之口而坏老辈朴愿⑨之风也。

至当时战迹事实，各行省章奏具在，新修方略国故昭彰，纵有埋没⑩，亦断不能划削⑪事实，并其人而去之者。陶士行得罪当时权贵，至身后惨遭诬谤，子孙冤累衰弱，数世不振。数千年后征文考献，尚有为其昭雪者。至史宬⑫体例，不录各家议论、本人逸事，而惟取章奏为据依。譬犹画真家，但审形模部位，而神采意态不具，生气索然，移之他人，则亦未有宛肖者，以是胜于私家记载野史爱憎可矣。

士君子立身行己，出而任事，但求无愧此心，不负所学。名之传不传，声称之美不美，何足计较？"吁嗟^⑬没世名，寂寞身后事"，古人盖见及矣。尔母在日曾言我"不喜华士，日后恐无人作佳传"，我笑答云："自有我在，求在我不求之人也。"

| 今译 |

　　吴敏树（号南屏）、郭崑焘（号意城）、罗汝怀（字研生）、曹耀湘（字镜初）之前写信给我，向我详细讲述了打算编辑《楚军纪事本末》这件事，本意是为表彰湖湘英杰的历史功绩，考虑得很周全，陈述的道理也十分高远，让我心生钦佩和欣慰。不过我考虑的是，我们湖南士人自从咸丰初年倡导忠义以来，二十多年过去了，豪杰辈出影响不止。大批湖湘才俊顺应时势建功立业，各自都取得了一定的成就，是（湖南）自古以来所没出现过的盛况。这个时候我们正应该韬光养晦，蓄势隐藏，希望后辈中涌现出更多优秀人才，以保护家乡，并为国家担当重任。不宜将已有的盛名到处放肆夸耀，以免招来那些内心邪恶的小人的口舌是非，而败坏老一辈乡贤朴实忠厚的风气。

　　至于当时战争的史实，在各省的奏章中都有详细记载，新修的史书中明确记载了已经发生的重大变故，尽管可能会有一些遗漏或埋没，但那些曾经实实在在存在的显赫功绩并不会随着他们的离世而消失。东晋的陶侃当年得罪权贵，死后遭到诬陷，并祸及子孙，以致家族衰微，其后好几代都没有振兴起来。但数千年之后的文献和考证，仍然有人在为他平反昭雪。按照正史体例，是不收录各家评论和人物逸事的，只取奏章里的言论作为依据。比如画活生生的人，只根据部位来画，那么神态就难以摹状，画出来也就毫无生机了，换一个人来画，也不会画出跟真人完全相似的感觉。对史书而言，求真求实是最重要的原则，它在这方面胜过私家野史的爱憎分明。

读书人修己处世，出外任职，只求问心无愧，不辜负一生所学。至于名声能不能传播，他人评价美不美，又有什么值得放在心上的呢？"吁嗟没世名，寂寞身后事"（一辈子的名声，都是寂寞生涯以后的事情啊），古人早就明白了这个道理。你母亲当年曾对我说："你不喜欢虚华的文人学士，将来恐怕没有人会写对你评价很高的传记呢。"我则笑着回答说："自从我来到人世，我就只要求自己而不会折节央求他人。"

| 简注 |

① 余烈：遗留的业绩、功业。

② 周至：周全，详尽。

③ 陈义：陈述大义；陈说的道理；所表现出的凛然大义。

④ 佩慰：敬佩和欣慰。

⑤ 沬（mèi）：古同"昧"，微暗。

⑥ 韬光匿采：敛藏光芒，隐去光彩，意指韬光养晦。

⑦ 干辅：主干与辅佐，喻指担当重任之人。

⑧ 慝（tè）：奸邪，邪恶。

⑨ 愿：忠厚，谨慎。

⑩ 堙（yīn）没：埋没，磨灭。堙，古同"湮"。

⑪ 刬（chǎn）削：删减，夺去。

⑫ 史宬（chéng）：古代的档案馆。

⑬ 吁嗟（yù jiē）：叹词，表示忧伤或有所感。

| 实践要点 |

左宗棠对吴南屏、郭意城等人准备编写《楚军纪事本末》一事持不同看法。

首先，对于家乡来说，虽然弘扬湖湘士人学以致用、以天下为己任的担当精神是一件令人感佩的极有意义的好事，但湖湘英杰自咸丰初年崭露头角后至今风头正盛，此时不应推波助澜，领风气之先的湘人更应该低调谨慎，避免物极必反和盛极而衰，以期福泽绵长。他的"天道忌盈"忧患意识仍一以贯之。

其次，对于个人来说，他始终保持高度的使命感和责任感，历来强调黜浮名求根本，志在安邦济民，务必经世致用，只当不折不扣的实干家，不求迎合世俗博取美名。试看当今不少人并无多少可圈可点的才学和业绩，却喜欢"著书立说"，希冀留下文字扬名立万，甚至花钱请人来帮自己立传，或是为了争取话语权以实现对金钱财富的提现。左宗棠与这类不学无术、沽名钓誉之徒正形成鲜明对比！

我年逾六十，积劳之后，衰态日增。腹泻自饮河水稍减，然常患水泻①，日或数遍，盖地气高寒，亦有以致之。腰脚则酸疼麻木，筋络不舒，心血耗散，时患健忘，断不能生出玉门矣，惟西陲之事不能不预筹大概。

使我如四十许时，尚可为国宣劳，一了此局。今老矣，无能为矣。不久当拜疏陈明病状，乞朝廷速觅替人。如一时不得其人，或先择可者作帮办；或留衰躯在此作帮办②，俟布置周妥，任用得人，乃放令归，亦无不可。此时不求退，则恐误国事；急于求退，不顾后患，于义有所不可，于心亦难安也。尔等试一思之。

孝威所拟二伯父哀词，以古文哀祭多用韵者，不知古文哀祭用韵施之友戚皆然，惟骨肉则不可用韵，所谓"至亲无文"也。韩祭十二郎、熙甫③志父母墓皆散行不韵，此可类推，楚辞哀些岂宜用之兄弟乎？

十一月二十二夜

| 今译 |

我已过六十岁，长期劳累后，衰老之态日渐严重。腹泻的毛病自从喝了河水以后稍有好转，但是常有水泻的毛病，有时每天好几次，估计是这里地势高、天

气寒冷的原因。腰脚则酸疼麻木，筋络不通畅，心血耗散得过多，还时常健忘，看来肯定不能活着走出玉门关了，只是西北边疆的事情不能不提前进行大致的安排。

假如我现在只有四十来岁，或许还可以为国家效劳，稳定西北边疆的局面。可惜现在老了，无能为力了。不久，我将向朝廷说明病情，请求朝廷尽快安排好替代我的人。如果一时找不到接替的人选，可先选择一个合适的人来帮我管理事务；或者先留下我这衰老之身在这里协助他人，等全部布置妥当并任命新人选之后，我再告老还乡，也并非不可。现在如果我不请求引退，恐怕会因为年老体衰耽误国家大事；但是，如果我急于离开，不顾后果，从义的角度考虑是不合适的，又怎么能让我感到心安呢？你们可以试着站在我的角度来考虑这个问题。

孝威给你二伯父写的祭文，用韵文的地方太多，但他却不知道，自古以来的哀诔文章，用韵文形式而作的，多用于朋友和亲戚之间，若祭文的对象是最亲近的人，则应该少用韵文（发自肺腑的感情应当自然流淌在朴实的行文当中），这就是所谓"至亲无文"。如韩愈写的《祭十二郎文》、归有光为父母所作的墓志铭《先妣事略》等，都是行散杂糅，由此可以类推，《楚辞》形式的哀婉风格怎么会适合给兄弟写祭文呢？

| 简注 |

/

① 水泻：病证名。泻下稀水，如水下注。又称水泄、注泄、泄注、注下。多因脾胃虚弱，感寒停湿及热迫肠胃所致。

② 帮办：旧指帮助主管人员办理事务。

③ 熙甫：归有光，字熙甫，又字开甫，别号震川，又号项脊生，世称"震川先生"。明朝"唐宋派"散文家代表。

｜ 实践要点 ｜

/

左宗棠戎马一生，最大的功劳是出塞平叛，收复新疆。早年云贵总督林则徐和一介布衣左宗棠的湘江夜话中，两人都认为新疆是必收之地，中国最大的隐患就是北方的俄国以及东边的日本。一席话后林则徐认定"西定新疆，舍左君莫属"，后来果真应验！

我们有必要简单回顾一下这段并未远去的历史：光绪元年（1875），左宗棠极力顶住以李鸿章为首的"海防派"的压力，在平定了陕甘叛乱之后请缨西征，意在收复伊犁。光绪二年三月，左宗棠六十五岁，率兵到达肃州，也就是今天的甘肃省酒泉市。五月，攻克乌鲁木齐。九月，又攻克了有乌鲁木齐西大门之称的玛纳斯南城，完全收复了北疆，继续挥师南疆。光绪三年三月，攻克达坂，又接连攻克托克逊、吐鲁番，原先暗中勾结英国和俄国的叛乱头子见大势已去自杀身亡，他的儿子杀了弟弟后逃往喀什。光绪四年，左宗棠上书朝廷，建议设立新疆省，并请朝廷与俄国交涉归还伊犁，交出逃到俄国的叛乱分子。光绪六年四月，近七十高龄的左宗棠抬着棺材，带四万大兵到哈密驻扎，计划收复伊犁。七月，朝廷下诏让左宗棠回京，部下刘锦棠代替他带兵驻守新疆。第二年正月，朝廷和俄国达成协议，俄国同意归还伊犁。光绪八年，俄国正式归还伊犁，左宗棠第五次上书朝廷，建议设立新疆省。光绪十年，正式设立新疆省，左宗棠时年七十三岁。第二年，左宗棠在福州病故，享年七十四岁。左宗棠在有生之年，不但亲自带兵收复新疆，而且见到新疆单独设省，抒写了中国历史上激荡人心的爱国主义篇章！

无疑，花甲之年的老人要做出率军出征的抉择需要克服很多困难，他向儿子们说出了诸多顾虑：年过六十，常年劳苦的征战生涯，使他患有多种疾病，如腹泻、水泻、腰酸背痛等老年人常见病，估计不能活着走出玉门关，可最让他放不下的是西北边疆还未得到平定。谁不想早点解甲归田，回到家乡安度晚年！但目睹国家有难，边疆告急，他无法做到置身事外，含饴弄孙。虽然深入不毛之地且胜负难卜，但他无法顾及老弱病躯！他希望有接班人来担任中流砥柱，甚至可以放低身份协助他人运筹帷幄，但需要挺身而出时他还是毫不退缩……戈壁滩上的"左公柳"应当见证了无数难以想象的艰辛。

爱国、忠诚、担当等等道德品质的养成，绝非一日之功。左宗棠这种以国事为重的大义已深深融入家族精神中。左氏家族至今人才辈出，或为国育才，或悬壶济世，或为民造福，正是对先辈爱国爱民风范最好的传承与纪念！

与威宽勋同（世泽之兴隆要多出勤耕苦读子弟）

威、宽、勋、同览：

关陇事幸而后济，亦非始愿所到。器忌盈满，功名亦忌太盛，不独衰朽余生不堪负荷已也。湖南诸老友有《楚军纪事本末》之议，意在表章，实则赘说；且令同时之人多议论，不如其已。南屏年伯性情敦挚①，又善为古文，有书复之。尔等须时常亲敬，见父执当以所事诸父者事之，于心亦安也。子弟不好读书，只想作官；不明义理，只想富贵，可叹耳。

族间建总祠、修谱之议，如可行亦宜图②之。实则支祠已建，谱修未久，暂缓兴办亦未尝不可。吾总以世泽之兴隆要多出勤耕苦读子弟，家祚③之昌盛总在忠孝节义④，他不足贵也。遇有相知世旧⑤，可与共勉之。

小除前夕兰州节署

陕甘战事幸亏后来得以解决，这也并不是我最初的心愿。盛水的器皿忌讳水太满，功名也忌讳太盛，并不仅仅是因为我现在风烛残年无法承担重荷。湖南的各位老友有编写《楚军纪事本末》的提议，本意是为表彰，实际上是赘述；而且让同时代的人多有讥评，还不如不做此事。你们的吴南屏伯伯为人厚道诚恳，又写得一手好古文，我有信给他。你们要多亲近尊敬他，见到父亲的朋友应该用事奉父亲的礼节事奉他，这样我就安心了。家族子弟不喜欢读书，只想做官；不知晓事理，而只图富贵，真是令人可叹。

族里打算修建总祠和族谱的建议，如果（你们觉得）可行，就可以谋划了。其实分祠已建，族谱刚修过不久，暂时将此计划放到一边也未尝不可。我认为祖先遗泽兴旺在于多一些勤耕苦读的家族子弟，家运昌隆的关键还是在于忠孝节义，其他的都不值得重视。遇到知心的世交旧谊，可以用我的这番话与之共勉。

| 简注 |

① 敦挚：厚道诚恳。

② 图：策划、考虑。

③ 家祚：是家运的意思，出自《后汉书·马援传赞》："明德既升，家祚以兴。"

④ 忠孝节义：对国家尽忠，对父母尽孝，对夫妻尽节，对朋友尽义，泛指

儒家所提倡的道德准则。

⑤ 世旧：世交旧谊。

左宗棠一直考虑的是如何让家乡和家族持续兴旺发达，避免盛极而衰和物极必反，所以对于编写《楚军纪事本末》和家族建总祠、修族谱两件事，他都是持反对态度。他提倡什么呢？就是"多出勤耕苦读子弟"和"总在忠孝节义"这两点，其中包含中国传统文化的生存智慧。

不少老宅第上都有一副对联："耕读传家久，诗书继世长。"耕读传家的内涵在于：不能只读书、读死书，而是要边劳动边读书，两者相辅相成，既可以锻炼筋骨、磨炼意志以养成勤劳俭朴的习惯，还可以学会一技之长，成为自食其力的劳动者，更重要的是可以更好地领悟书本知识和学以致用，避免理论和实践的脱节，促进人的全面发展。因此，耕读传家确实成为农业社会家族和个人的兴隆之道。

贫苦人家子弟依靠耕读，不但能够满足基本生活条件，还能够有机会实现自己的人生抱负。而富贵人家强调耕读，更需要清醒的认识与坚强的意志。面对长辈积累下来的地位和财产，子女们何尝不想走捷径？家长们何尝想让子女再去吃苦受累？所以，"富不过三代"的现象比比皆是。只有像曾国藩、左宗棠这样的有识之士，从小就开始开展"耕读传家"的教育，以非凡的意志保持寒素人家的风气，率先垂范，苦口婆心，才有子女后来的自强不息，家族才能兴旺发达。尽管这是农业社会家庭教育的经验总结，但是对于现代社会的我们同样有深刻的借鉴意义。

至于强调"忠孝节义"，是着眼于强调道德品质对一个家族和一个人成长的重要意义，虽然"忠孝节义"中有一些需要批判的糟粕，但是"以德为先"的教育原则是符合教育规律的。

同治十二年

与孝威（不以廉俸多寄尔曹）

孝威知悉：

　　古人教子必有义方①，以鄙吝②为务者仅足供子孙浪费而已。吾之不以廉俸多寄尔曹者，未为无见③。尔曹能谨慎持家，不至困饿。若任意花销，以豪华为体面；恣情流荡④，以沉溺为欢娱，则吾多积金，尔曹但多积过，所损不已大哉！

癸酉二月朔兰州节署

┃ 今译 ┃

　　古人教育子孙必定遵循符合正义的规范和道理，那些见识浅短且一味吝惜钱财者（所留下的钱财）最终不过是让子孙挥霍浪费罢了。我从来不给你们寄过多的俸禄，并不是没有我的考虑。只是希望你们能够勤俭持家，不至于陷入挨饿的境地。若由你们随心所欲地花费，追求豪华体面的生活；放纵自己，以热衷于物质享受为快乐，那么我为你们积累的钱财越多，你们积累的过错就会越多，（从长远来看）只会有更多更大的损失！

简注

① 义方：符合正义的道理，行事应该遵守的规范和道理，多指家教。语出《左传·隐公三年》："石碏谏曰：'臣闻爱子教之以义方，弗纳于邪。'"

② 鄙吝：见识浅短，吝惜钱财。

③ 见：看法、见解。

④ 恣情流荡：放纵自我，没有约束。

实践要点

给子孙积累太多的物质财富，并非好事。如果子孙不懂得克勤克俭，不传承耕读本色，只会成为贪图享乐的纨绔子弟，将很快出现"坐吃山空"和"富不过三代"的情况，家族的昌盛也无法长久。左宗棠于戎马倥偬之际，不忘屡屡告诫子孙，要懂得节制物欲，勤俭持家，才能保持在社会上的独立生存能力。因此，他"崇俭以广惠"，克己奉公，生活简朴，乐善好施，带头树立好家风。也许，家人开始对此会有些不理解，甚至会有不少抱怨，不过只要讲清其中的道理，家人之间沟通好，且做长辈的能够以身作则，那么晚辈们也会愉快地接受。长此以往，良好家风的养成也就指日可待了。

光绪元年

与宽勋同（将葬事放在心上、不草率了事即可）

宽、勋、同知悉：

接同儿信，知刘克庵[①]已在八石坳觅得穴地，当令立契成交；惟山向[②]今年不能安葬，又请克翁另择，未知克翁许为久留否？续又觅得佳处否？我意如八石坳（记是刘怀清祖住处）地可安葬，而今年山向不开，即留待明年举行葬事，亦无不可。前言任家冲有地可葬，而山价太贵，我已允重价购之（王若农信来，已付银千两），不知此次曾否请克翁看过？葬事实难妥速，我远在数千里外，不能遥揣；即在家，亦不能选地择日，不过是请人指示耳。尔等现在茫然无措，亦无足怪。只是将此事放在心上，求可以安乃兄之体魄[③]，不草率了事就是！余详前谕，不多及。

今年乡试，尔等是否入场，我亦听之，但不可要关节[④]，切切！丰孙字好，近时已否开笔[⑤]学作文章？恂、恕、慈读性何如？功课不可太多，只要有恒无间，能读一百字，只读五六十字便好。

四月七日书

接到同儿的信，得知刘克庵已经在八石坳寻得一块好墓地，可请他立地契成交；只是因为坟墓的方位问题，今年不宜安葬，还要请刘克庵为你们另外定个时间，不知道他是否能够久留？是不是又帮忙找到了更好的墓地？我的意思是，如果八石坳是一块合适的墓地（我记得曾是刘怀清祖辈居住的地方），而今年因为坟墓方位的问题不能安葬，留到明年再安葬也没有什么不可以。上一封信你们告诉我，任家冲有地可安葬，但是山价太贵，我已经同意付重金购买（王若农来信告诉我已经付了一千两银子），不知这次是不是请刘克庵到墓地看过？选墓地安葬这种事确实很难在短时间内办理妥当，我远在几千里之外，不能光凭揣测就做决定；即使在家，也不会看墓地看风水，还是要请人指导。你们现在拿不定主意，也是情有可原的。只是你们要将这件事放在心上，找到一块可以安葬你兄长遗体的吉地，不草率了事就行了！我前面的信也讲过这些话，就不多说了。

今年乡试，你们是否准备参加，我尊重你们自己的意见，但千万不能暗中托人情打通关系，切记！丰孙的字写得不错，最近是不是已经开始学习写文章了？恂孙、恕孙、慈孙读书的习性如何呢？功课不宜给他们布置太多，只要坚持不懈不间断，如果可以读一百个字，只读五六十个字就够了。

① 刘克庵：刘典，字伯敬，湖南宁乡人，晚清湘军将领，参与了平定太平

天国、陕甘回变以及阿古柏之乱等重大历史事件。

② 山向：术数用语。指坟墓的走向、方位。

③ 体魄：指尸体。古人认为人死后魂气上升而魄着于体。

④ 关节：旧时指暗中说人情、行贿勾通官吏的事。

⑤ 开笔：首度习作诗文。

| 实践要点 |

关于墓地的选择，自古以来人们就非常重视，左宗棠也不例外。他认为，如果今年不适合安葬，则明年也可以，表达了通脱的观点。而且还安慰儿子们，这些风水术数方面的事情拿不定主意是很正常的，不必过于自责，只要认真务实尽心就可以了。字里行间，有换位思考，有善解人意，全是慈父叮咛，展现出叱咤沙场者的舐犊情深。

光绪二年

与孝宽（耕读务本，读书宜有恒无间）

谕孝宽悉：

吾积世寒素，近乃称巨室^①。虽屡申儆^②不可沾染世宦积习，而家用日增，已有不能撙节之势。我廉金不以肥家，有余辄随手散去，尔辈宜早自为谋。大约廉余拟作五分，以一为爵田，余作四分均给尔辈，已与勋、同言之，每分不得超过五千两也。爵田以授宗子袭爵者，凡公用均于此取之。

诸孙读书，只要有恒无间，不必加以迫促。读书只要明理，不必望以科名。子孙贤达，不在科名有无迟早，况科名有无迟早亦有分定，不在文字也。不过望子孙读书，不得不讲科名。是佳子弟，能得科名固门间^③之庆；子弟不佳，纵得科名亦增耻辱耳。

吾平生志在务本，耕读而外别无所尚^④。三试礼部，既无意仕进，时值危乱，乃以戎幕起家。厥后^⑤以不求闻达之人，上动天鉴^⑥，建节锡封^⑦，忝窃^⑧非分^⑨。嗣复^⑩以乙科^⑪入阁，在家世为未有之殊荣，在国家为特见之旷典⑫，此岂天下拟议⑬所能到？此生梦想⑭所能期？子孙能学吾之耕读为业，务本⑮为怀，吾心慰矣。若必谓功名事业高官显爵无忝乃祖，此岂可期必之事，亦岂数见之事哉？或且以科名为门户计，为利禄计，则并耕读务本之素志而忘之，是谓不肖矣！

今译

我们家世代清苦俭朴，直到近年来才成为世家大族。我虽然多次告诫你们不要沾染仕宦弟子的不良习气，然而家庭开销日益增加，已经到了没办法节省的地步。我的养廉银不是用来让家里富裕的，（除必要开支外）多余的养廉银我便随手周济需要帮助的人，你们应该早点自谋生计。养廉银剩余的部分，我将分为五份，一份用来买爵田，另外四份将均匀分给你们，我已与孝勋、孝同说过，每一份不能超过五千两。爵田将来分给承袭爵位的人，所有的公共费用都从这里开支。

孙子们读书，只要坚持不间断，不必太过严苛。读书重在明事理，而非追求功名。如果子孙贤能，不在于功名来得早或迟，况且功名也是冥冥中早有安排，不完全在于文章是否写得好。不过督促子孙读书，（现在）不得不讲科举功名(这些事情)。如果是品学兼优的人，能获取功名固然是家族的荣耀；如果不是品学兼优的人，纵然考取功名也会成为家族的耻辱。

我生平只想做好自己的分内之事，除耕读之外没有其他特别注重的地方。三次参加会试，本不是为了做官，时值国家多事之秋，于是就从幕僚做起。后来虽然不热衷功名地位，却未料到引起天子的关注，被任命为封疆大吏，我常常为自己获得了不该有的地位和名声而惭愧。后来又以举人的身份入阁，对于左氏家族来说是从来没有过的特殊荣耀，对于国家来说是很少见到的稀世典制，这难道是天下人事先能预料到的吗？难道是我做梦能想到的吗？

如果子孙能效仿我以耕读为事业，内心始终想着致力于孝悌仁义的根本，我就感到安慰了。若（你们）说一定要获取功名业绩和显贵的官职爵位才算不辱没祖先，这哪里是一定可以期待成真的事情？又怎会是能够（在我们家族）经常看得到的事情？如果（你们认为）获取功名是为了家庭的地位，为了荣华富贵，而忘记了我们家族历来秉持的耕读务本的志愿，就是不肖子孙！

| 简注 |

① 巨室：名望高、势力大的世家大族。

② 申儆：训诫。

③ 门闾（lú）：家门，家庭；门庭。

④ 尚：尊崇，注重。

⑤ 厥后：之后，后来。厥，之、以。

⑥ 天鉴：引起天子的关注和考察。鉴，观察，审察。

⑦ 建节锡封：建节，手持符节。锡封，赐封，分封。在此引申为自己成为封疆大吏。

⑧ 忝窃：辱居其位或愧得其名的谦虚表达，对自己因幸运拥有的某种名利或地位感到难以胜任的谦辞。忝，有辱，有愧于，常用作谦辞。

⑨ 非分：不属于自己分内应得的。

⑩ 嗣（sì）复：后来又。嗣，后来。

⑪ 乙科：明清科举，称举人为"乙科"。古代科举考试分为甲科、乙科。甲科是把全国的举人集中到京城里举行"会试"，中榜者称为进士。进士又分三等，第一等称为"一甲"，或"进士及第"；一甲仅限三名，分别为状元、榜眼、探花。二甲若干名，称"进士出身"。三甲若干名，称"同进士出身"。乙科是指集中全省秀才在省城举行的"乡试"，中榜者成为举人。

⑫ 旷典：前所未有的典制。

⑬ 拟议：事先考虑或计划。

⑭ 梦想：贬义词，做白日梦所想到的，指幻想、妄想、空想。不同于现代汉语中的"梦想"一词。

⑮ 务本：专心致力于根本。语出《论语·学而》："君子务本，本立而道生。孝弟也者，其为仁之本与？"

| 实践要点 |

左宗棠以举人而入阁，是清朝的破例擢升，其俸禄不可谓不高，但他对自己

和家人都严格要求，多年来的养廉银结余不到二万五千两。他在这封家书中将这些银子明确分为五份，要求四个儿子"早自为谋"，不让儿子在金钱上对父亲产生依赖。他的俸禄主要用于救济他人。据史书记载，1866年，他捐献银两支持湘阴义举，自掏腰包两建试馆；1869年，湖湘水灾，他捐廉银赈灾；1877年，陕西、甘肃大灾，他再度慷慨解囊……左宗棠家书中仅提及"助赈之事"就有六十六处之多，真正实践了"崇俭以广惠"。

虽然已是巨室名门，但左宗棠仍"耕读为业，务本为怀"。回顾自己出将入阁的人生历程后，念念不忘"读书只要明理，不必望以科名"和"（读书）只要有恒无间，不必加以迫促"的教导，甚至将醉心科名而不能耕读务本的子孙斥为不肖子孙！作为声名赫赫的名臣，而一直淡看功名，始终强调耕读务本，实在是难得的清醒！

他有四个儿子，孝威人品学业俱佳，可惜二十七岁便英年早逝。孝宽、孝勋、孝同考取的功名有限，但受父亲言传身教的影响，都能自食其力，正是传承了清正朴素的家风！

勋、同请归赴试，吾以秀才应举亦本分事，勉诺①之。料尔在家，亦必预乡试。世俗之见，方以子弟应试为有志上进，吾何必故持异论？但不可借此广交游、务征逐、通关节为要，数者吾所憎也。恪遵②功令③，勿涉浮嚣④，庶免辱耻。

丰孙读书如常，课程不必求多，亦不必过于拘束，陶氏诸孙亦然。以体质非佳，苦读能伤气，久坐能伤血。小时拘束太严，大来纵肆⑤，反多不可收拾⑥；或渐近憨呆，不晓世事，皆必有之患。此条切要，可与少云、大姊详言之。

丙子五月初六日酒泉营次（书）

｜ 今译 ｜

孝勋、孝同请求回家参加乡试，我认为秀才参加举人考试也是分内之事，就鼓励并答应了他们。如果你在家，估计也一定会准备参加乡试。按照世俗的标准，子弟参加科举考试才是有志向和求上进，我又何必故意标新立异呢？但是必须记住不能借此机会频繁外出交友游玩，醉心于吃喝玩乐，想方设法去打通关系，这些都是我所憎恶的。你们必须恪守与考试相关的规章，杜绝浮躁，才能避免被羞辱和耻笑。

丰孙读书还要和往常一样（持之以恒），学习内容不必贪多，也不要有太多的管束限制，陶家的孙辈也要这样。因为体质不好，读书太用功会伤气，坐得太久会伤血。小时候管得太严，长大后就容易肆无忌惮，反而会陷入无法挽回的地步；或者慢慢变成痴傻的书呆子，对于世事全然不知，都一定会埋下隐患。这一点很重要，要与你的大姐夫少云、大姐详细讲明（这层意思）。

| 简注 |

／

① 勉诺：鼓励并答应。

② 恪遵：谨慎遵守。

③ 功令：古时国家考核和选用学官的法令。

④ 浮嚣：浮躁，不踏实。

⑤ 纵肆：无遮掩地做无道义的事。

⑥ 不可收拾：原指事物无法归类整顿，后借指事情坏到无法挽回的地步。

| 实践要点 |

／

　　儿童教育应该"严"还是"松"？这是一个见仁见智的难题。左宗棠认为孙辈的学业无需贪多，管教也不宜太严格。他的理由有三点：久思久读久坐损耗气血；小时候管教过于严厉，一种后果是长大了之后反而很放肆，因为小时候太压抑了，所以反弹幅度大；另一种情况是不晓世事，几近愚呆，在社会上唯唯诺诺。也许是鉴于家族遗传和儿子辈的身体都不大好，他才有这些考虑。

　　溺爱和过于严苛，都容易走向极端，成为教育失败的反面教材。"严"与"松"之间的度如何把握，还真是一件难事，要因人而异、因材施教。一般来说，儿童的身体状况、兴趣、专注力、心理健康是要首先考虑的因素，社会不需要弱不禁风的书呆子，也不需要三心二意的聪明人，更不需要压抑扭曲的乖学生！所以，父母要多陪伴子女成长，积极发现子女的兴趣点和心理需要，积极创造一个张弛有度的温馨环境。

与宽勋同（告诫儿孙，毋过于注重科名）

> 宽今岁下场，亦不望中，但文字清顺不犯条例即可矣。勋、同榜后即与宽共商母茔①改葬一切，八尺坳既定，则择期营葬，不必又访别处耳。陶氏诸孙赴乡试者今年当可望中。惟科名有命，得与不得不尽在文章，亦毋须望之过切耳。

| 今译 |

孝宽今年参加考试，我也不指望你考中，只要文章写得通顺不触犯规矩即可。孝勋、孝同在放榜之后与哥哥孝宽一起共同商讨你们母亲的改葬事宜，八尺坳的墓地既然已经定下来，那就选定日期改葬，不必再去寻觅其他风水吉地了。陶家的孙子们今年参加科举，有希望取得不错的成绩。只是功名是由命运主宰的，能不能考中不完全是因为文章（的好坏），也无须对此抱太高的期望。

① 茔（yíng）：墓地。

| 实践要点 |

╱

　　左宗棠对于儿子及孙辈的教育，从不以科考是否金榜题名作为衡量学业成绩优秀与否的标准。一方面，他认为科名的获得有相当大的运气成分。另外，他殷切希望家族子弟脚踏实地，毋将读书视作科举晋升之途，而是多读经世致用之书，传承耕读家风。

光绪三年

与孝勋孝同（不欲其俊达多能，亦不望其能文章取科第）

谕勋、同知之：

同在家潜心读书为要，今岁未延师①训课，尤宜检束自勉，不可放肆废学。吾老矣，军事羁身，去家万里，尔曹成败非能预知，亦实不暇管教，尔等成人与否亦不在意，只好听之。丰孙辈当渐有知晓，尔等能以身作则，庶耳濡目染，日有长进，不至流入纨绔恶少一派，否则相习成风，不知所底矣。

吾所望于儿孙者，耕田识字，无忝门风，不欲其俊达多能，亦不望其能文章取科第。小时听惯好话，看惯好榜样，长大或尚留得几分寒素书生气象，否则积代勤苦读书世泽日渐销亡。鲜克由礼，将由恶终矣②。

丁丑五月初四夜肃州

| 今译 |

孝同在家务必好好闭门读书，今年没有请老师辅导授课，更应该约束和勉励

自己，切不可放纵自己荒废学业。我已经老了，为战事羁绊，离家万里，你们的成功或失败我不能预料，其实也没有时间管教你们，你们能否成人也没有放在心上，只能顺其自然了。丰孙这一辈应该渐渐明白许多事理了，你们如果能够以身作则，他们就会耳濡目染，每天都有长进，不至于堕入纨绔子弟之流，否则相互沿袭成为风气，不知道最后会变成什么样子。

我希望我的儿孙，能在耕田之余读书识字，不辱门风，也不期待他们俊逸通达、能力超群，也不期盼他们能以文章博取功名，跻身显达。从小如果多听好的言语，多看好的榜样，长大之后可能还会保留几分寒素书生的气象，否则我们家族世代勤苦读书的祖先遗泽就会日渐消亡。如果世代相袭安享俸禄而不遵从礼制，为所欲为，必将会以恶自终（因为自古以来世代做官的家族，很少能一直遵循礼教，其子弟容易养成骄奢淫逸的习气，将不会善终）。

简注

① 延师：请老师。

② 鲜克由礼，将由恶终：世代做官的家族，很少能一直遵循礼教，其子弟容易养成骄奢淫逸的习气。他们骄恣过度，矜能自夸，将会以恶自终。语出《尚书·毕命》："我闻曰：世禄之家，鲜克由礼……骄淫矜侉，将由恶终。"鲜，少。恶终，不得善终，遭横祸而死。

左宗棠在外征战多年，与子女在一起的时间很少，他的家庭教育大多是通过家书传递的。虽说"尔等成人与否亦不在意，只好听之"，但是他一直非常关心子女成长，千方百计在尽一个父亲和爷爷的责任，其中也包含着深深的自责。

他汲汲于传承耕田识字的寒素家风，读书识字是为了拓展胸怀，提高解决问题的能力，而不是为了"书中自有黄金屋、书中自有千钟粟"的功名。当然，顺应世俗参加考试是可以的，但不要对能否金榜题名抱有过高期望。除了讲清古今正反道理外，他还特别强调了榜样的力量。他自觉为子孙树立榜样，也要求儿子们自觉为孙子树立榜样，代代相传，何愁所弘扬的寒素家风不传？

光緒四年

与孝勋孝同（诸孙之贤不肖，则尔兄弟夫妇之贤不肖也）

谕勋、同：

尔嫂积忧成疾^①，竟以不起，可胜^②悲痛！惟念生而忧，不如死之速。我亦无用其悲，只尔嫂淑慎，能得姑欢，抚育诸孙尚未成立，兹忽早死，实家门不幸，心中未能释然^③。

宽在营侍我未归，尔兄弟在家料理丧事，当极求妥慎。谦、恂、慈年尚幼稚，早失怙恃^④，极可怜念。尔兄弟及诸妇当体兄嫂意，抚之如子，冀将来成立，以解我忧。谦年稍大，尔生母尚能照料。恂、慈交诸妇抚育，饮食衣服起居一切视如所生一般，亦不必过于娇养，致生毛病。诸孙之贤不肖，则尔兄弟夫妇之贤不肖^⑤也，尚慎之哉！

| 今译 |

你们的嫂子长年忧思过度，竟然一病不起离开了人世，（我们）岂能忍受这

样的悲痛！只是想到她生前（受病痛折磨的痛苦和丈夫去世）的忧伤，她不如早早离开这个世界，这也是种解脱。现在我的悲伤也没有什么意义了，只是你嫂嫂贤良淑德，自从嫁到我们家来，与家人相处融洽，含辛茹苦养育的儿女还没有成年就过早去世，实在是我们家的不幸，（想起这些）我心中无法平静下来。

孝宽在军营中伺候我未能回家，你们兄弟几个在家，务必将你们嫂嫂的丧葬事宜处理妥当。谦孙、恂孙、慈孙年纪尚小，就失去了父母，真是太可怜了。你们兄弟和各位儿媳妇应该体会兄嫂的爱子之心，像对待自己的孩子一样抚养他们，我希望看着他们好好长大成人，以排解心中的忧愁。谦孙年龄稍大，可以拜托你们的生母（张夫人）照料。恂孙、慈孙交给你们的媳妇抚养，吃饭、穿衣、睡觉等方面都当作自己的亲生儿子一样对待，但也不要过于溺爱，免得养成诸多不良习惯。他们将来的品行好还是不好，全在你们兄弟夫妇几个做得好还是不好，你们务必要慎重对待（这件事）。

| 简注 |

① 积忧成疾：因积年累月忧思过度而酿成疾患。

② 可胜：岂能忍受。

③ 释然：疑虑、嫌隙等消释后心中平静的样子。

④ 怙恃（hù shì）：父母的代称。语出《诗·小雅·蓼莪》："无父何怙，无母何恃！"意思是指小孩早年死了父母，失去依靠。

⑤ 贤不肖：不肖，品行不好。引申为好与不好。

长子孝威及其妻子先后去世，留下三个未成年的子女，左宗棠遭受的可谓白发人送黑发人的巨大伤痛。他最担心的是几个失去父母的孙子们的抚养和教育问题。在此封家书中，他郑重要求儿子儿媳们同心同德，务必将兄嫂的儿女视如己出，好好抚养成人，解除他的后顾之忧。左宗棠已经将责任划分到个人，孙儿们将来贤与不肖，儿子媳妇们必须负有主要责任，家族的互爱互助之风就这样实践和传承下来。

合葬非古，而古人即多遵行者。同穴之义，人情天理之至也。惟天鹅池兄茔佳否，未能悬揣。合葬之先须启土验视。葬期固宜慎择，即启土验视日时亦宜诹①取干净，未可草率。验视而吉，固即营葬。倘见有水蚁之患，则尔兄尚宜改葬，岂可迁就。我不信风水之说，然必择地营葬，本是至理。贪吉谋吉固不可，非避水蚁凶恶又可乎哉？孝子孝妇宜得葬所，此理之常要，亦不可不慎。

大约启土验视时日距合葬之期迟速均非所宜，先一二日其可也。嫂枢可先窆②存本山（宜雇人看守），俟葬期定，则启土验视，吉则合葬，否则一并改迁。尔兄

弟自察酌之。圹志③写就寄归，可倩④人镌之，葬时可
并尔兄志铭入土。

戊寅二月三十日（父字）

┃ 今译 ┃

合葬并不是自古以来就要求遵循的礼俗，但是古代夫妻合葬的很多。夫妻生前生活在一起，死后合葬，也是人情天理所至。但不知道你兄长下葬的地方天鹅池到底好不好，我不敢妄自揣测。合葬之前先要验视坟土。葬期也要慎重选择，开棺的日子也要看好，都不能草率。如果看定好日子，即可下葬。但如果有水患和蚁患，那你们兄长的墓地就要另行改葬，岂能迁就。我不信风水那一套，但必须找到一块（没有水患和蚁患）的好地，这是最根本的道理。贪图吉地和千方百计去寻找吉地固然不可以，但如果不能避免水患、蚁患这些不好的方面又怎么可以呢？你们的兄嫂是孝子孝妇，应该选一块吉地安葬，这是合乎天理的，不可不慎重。

估计重新挖开验土的时间距离与你嫂嫂合葬的时间，不宜太长或者太短，相距一两天就可以了。你嫂嫂的棺椁可以先寄存在本地的山上（请人看守），等到葬期落实，再挖土验视，是吉地就下葬，否则就一起改葬他处。这些事情都需要你们兄弟好好斟酌决定。（你嫂嫂的）墓志铭写好之后我就寄回，你们可以请人

刻好，下葬时可以将你兄长的墓志铭一起安放入土。

| 简注 |

/

① 诹（zōu）：商量。

② 窨（yìn）：原指地下室，这里指藏存。

③ 圹（kuàng）志：墓志铭。明朝以来制度规定：五品以上允许用碑，六品以下许用圹志。圹，坟墓。

④ 倩（qiàn）：请，央求。

| 实践要点 |

/

左宗棠不相信所谓的风水，但选择没有水患、蚁患的地方合葬儿子儿媳，他认为是符合人情天理的。他希望儿子们遵循丧葬礼俗慎重对待，不负父亲所托。乃至为儿媳写墓志铭和安放入土等事宜，他也一一嘱咐。和以前的家书相比，左宗棠似乎在这些小事上讲得太细致，有点啰嗦。殊不知，这是老年丧子丧媳的他在通过安排好儿子儿媳的身后事来寄托深深的哀思。

与孝宽（以廉项买田分家，周济孤侄）

　　三儿谨厚①有余，四儿心地明白，科试复忝高等，本拟为捐②廪贡③，伊意在考优，亦且听之。近时习气不佳，子弟肯读书务正、留意科名者，即是门户之托④。四儿似是英敏⑤一流，将来可冀成人。然吾意总要志其大者、远者，不在早得科名也。前致王若农，拟⑥以廉项二万两买田，汝兄弟四人各一份，每份五千两。此外拟别置爵田，为袭爵当差者⑦旅食⑧之费。余则为我祭田⑨、墓田⑩之需。爵田专给宗子袭爵者，恪靖祠田、祭田、墓田，均需筹置。除岁修⑪、祭祀、扫拜，及每岁应完钱粮外，汝四人均分租息，津贴家用。惟现在世延侄负债甚多，应代清偿，须银两千两了之。约计又非二万两不办。就此时廉余筹算，为身家子孙计，不过如此。至族中应建总祠，设义塾⑫，为数颇巨，尚须缓缓图之⑬。

三儿（孝勋）谨慎笃厚有余，四儿（孝同）头脑明白事理，这次科举考试又取得上等成绩，我原本打算给他报捐贡生，但他决意自己努力参加科考获取优秀成绩，那就由他自己决定吧。时下风气不好，家族中愿意读书走正道且有心科名的子弟，日后将是家族的支柱。孝同看起来是聪慧而有不凡见识的那一类人，将来可能有希望成才。不过我总希望你们在大的方面、远的方面立志，不在于早早获得功名。我前段时间写信给王若农，告知他我打算用我的二万两养廉银买田，你们兄弟四人各一份，每份五千两银子。另外，我打算根据我的爵位买些田地，地租收入作为将来承袭爵位的子孙的差旅宴饮费用。剩下的银两，将用来给自己置买墓地和祭祀用的土地。爵田只留给承袭爵位的子孙，恪靖祠堂的田地、祭祀土地和墓地等，都需要好好筹划。

除了每年对房屋进行维修、祭祖、扫墓和其他应该花费的钱外，其余剩下的租金利息，你们四兄弟平分，补贴家用。但是现在世延侄儿负债较多，我们应该替他还清债务，需要花费两千两银子。这项花销加起来至少得两万两。根据现有节余的养廉银来安排，我为子孙所做的打算，也只有这些。至于家族中打算修建总祠堂，开办免费私塾，所需金额巨大，还需要将来慢慢稳妥地谋划。

① 谨厚：谨慎笃厚。

② 捐：封建时代根据官府规定，纳捐若干，报请取得某种官职，谓之"报捐"。

③ 廪（lǐn）贡：指府、州、县的廪生被选拔为贡生。亦用以称以廪生的资格而被选拔为贡生者。

④ 门户之托：指家族重要的人物或重要力量。

⑤ 英敏：谓聪慧而有卓识。

⑥ 拟：打算。

⑦ 当差者：旧指做受人差遣的小官吏或当仆人。

⑧ 旅食：古代谓士而无正禄者的宴饮。

⑨ 祭田：旧时族田中用于祭祀的土地。

⑩ 墓田：坟地。

⑪ 岁修：指每年有计划地对各种建筑房屋进行的维修和养护工作。

⑫ 义塾：旧时免收学费的私塾，也称为"义学"。

⑬ 图：谋划实施。

| **实践要点** |

中国传统家庭中的父母都习惯于肯定和表扬自己的小孩。左宗棠作为严父，亦是如此。但在这封家书里，他对孝勋和孝同的个性禀赋分别进行"点评"和褒奖，实属少见。但他教育的核心一如既往：不提倡早早获取功名，而应该读好书，务正业，将来门庭兴旺才有希望。

另外，左宗棠随着年事渐高，衰病相侵，尤其是长子孝威早逝，不久媳妇贺氏也撒手人寰，留下三个孤孙，他意欲对自己身后事早做安排。他明确向孝宽、孝勋、孝同三子表达了对家产的妥善安排：主要是用养廉银为子孙置办有限的田产，平均分成四等份，这不是普通的消费性支出，而是为家族的长远生存发展立下基业，亦是为人父母的舐犊情深的体现，也算是对子孙的一个交代。他对家庭财产进行科学合理的分配，体现了作为父母的公平公正，能避免日后因经济产生纠纷，兄弟失和。他还兼顾承担对孤侄一家的照顾，比如帮生活陷入困顿的世延侄还清债务，尽心尽力帮助他自立门户，亦是出于兄弟同气连枝的自觉天性。左宗棠公正分配家庭财产的思维方式和周济亲族贫苦的仁者风度，都值得我们今人学习。

与孝宽（解囊赠金，资助故交儿子）

曾栗诚①托我向毅斋②借钱，闻亦由家有病人，缺资调养之故。毅斋光景③非裕，劼刚又出使外洋，栗诚景况之窘可知。吾以三百金赠之。本系故人之子，又同乡京官，应修馈岁④之敬。吾与文正交谊非同泛常，所争者国家公事，而彼此性情相与⑤，固无丝毫芥蒂⑥，岂以死生而异乎？栗诚谨厚好学，素所爱重⑦。以中兴元老⑧之子而不免饥困，可见文正之清节，足为后世法矣。

| 今译 |

/

曾纪鸿（栗诚）托我向刘锦棠（毅斋）借钱，听说也是由于家中有人生病，缺钱调护保养的缘故。刘锦棠家中经济情况并不富裕，曾纪泽（劼刚）又驻节英法等国，曾纪鸿窘迫的生活可想而知。我送了三百两银子给他。他本来是我故交的儿子，又是同在京城做官的同乡，应该准备岁末馈赠的礼物。我与曾国藩（文正）之间的情谊绝非普通人可比，我们所争论的都是国家的公事，而且彼此的性格脾气本来也没有任何嫌隙，难道能因为他如今他已谢世而有所改变吗？曾纪鸿为人谨慎笃厚又好学上进，我向来都很喜爱重视他。作为复兴国家的重臣之子，却陷入困顿，可见曾文正公为官清廉的节操，足以成为后世效法的榜样。

┃ 简注 ┃

／

① 曾栗诚（xián）：曾纪鸿，字栗诚，湖南湘乡人。曾国藩的次子，父亲去世后荫赏举人，充兵部武选司郎官。但他不热衷于仕途而酷爱数学，并通天文、地理、舆图诸学。可惜的是，曾纪鸿事业未竟就因病逝世了，年仅三十三岁。

② 毅斋：刘锦棠，字毅斋，湖南湘乡人，晚清著名将领。刘锦棠十岁时，其父刘厚荣因镇压太平天国农民起义而丧生。成年后，投入叔父刘松山所在的湘军，随同叔父镇压太平军和捻军，作为左宗棠西征军的主力平定了西北区域的同治回乱和新疆乱局中阿古柏的继承人伯克胡里势力，有"飞将军"之称。后推动新疆建省并担任新疆首任巡抚。官至太子太保，一等男爵。甲午中日战争前夕，应征起复，未及成行而卒，谥号"襄勤"。

③ 光景：景况，经济情况。

④ 馈岁：中国年俗，北宋时，岁末年底人们互赠礼物，称为"馈岁"。

⑤ 相与：彼此往来，相交，相处。

⑥ 芥蒂：微小的梗塞物。比喻积在心里使人不快的嫌隙。

⑦ 爱重：喜爱重视。

⑧ 中兴元老：指复兴国家，资深望厚而有品德的官员。

在这封家书中，左宗棠谈及曾纪鸿的经济情况陷入窘困，贫病交加之际，解囊相助一事。他重申当年与曾文正公同心谋国，并无外人所传的不合，对于相知世旧之子，理应在他有难之时伸出援助之手，尽心帮助，以尽爱护之意。不但如此，他还明确表示自己一生敬服曾国藩为官清廉，不与子孙留家财的清白家风，认为值得后世效法。那些曾经揣测左宗棠与曾国藩交恶的不实传言，在曾国藩去世后，从左宗棠的家书中似乎揭晓了谜底，也让后人看到两位地位和名望相当的封疆大吏的磊落胸襟。

光緒五年

与孝宽孝勋（七八个月不寄家信是何心肝）

　　我以望七之年驰驱①王事，人臣义分则然。自浙闽移督陕甘无数月安坐衙斋者。时事纷纷，不遑②内顾。尔等已成人授室，应分留照料家务，免我分心；应分遣一人西来侍我朝夕，此为人子者之义分也。孝宽归后，勋、同应一人来甘省视，固不待言。

　　因乡试在迩，耽延数月，榜后旬日，孝同始由湘起程，尚不足怪。但念谦兄弟年方稚弱③，无父无母，实堪怜惜，何能挟之西行，远道风霜④，赴数千里寒苦边关？设有疾病，难觅医药，徒使我添无数牵挂。尔等如以老父、亡兄为念，岂应恝然⑤置之？尔生母年已六十有六，到此不能伺候我，翻须我照料，尔等亦当知之。前年孝同曾说，下次西来，带念谦等同行，我即斥其不可。今得十月初鄂来之信，闻已换船溯汉而上，尚未得其行抵襄樊之耗⑥，看来此月内尚不能到西安否。挈眷⑦远行，又正值数九天气⑧，令我悬悬。

　　最可怪者，闰三月以后即未接得宽、勋一字，大约因孝同此行非父本意，惧父阻截⑨，意将此段瞒过耳。而我屡次所寄谕函询问各事，亦概无一字见复，何耶？尔等或谓孝同见面可当面细说，特不思七八个月不寄家信是何心肝⑩？书至此，无可再谕矣。

十一月廿八日（字）

| 今译 |

我以将近七十岁的年纪仍然在为君王尽忠效劳，这是作为臣子的本分。我从浙江、福建转任陕甘总督以来，没有几个月可以安坐在衙门内。近期发生的大事繁杂纷乱，我没有时间顾及家里的大小事情。你们都已经长大成人并娶妻成家，应该分工经管家中日常事务，不要让我分心；你们兄弟中间应该抽出一人来西北侍奉在我左右，这也是作为儿子应尽的义务。孝宽回家后，孝勋、孝同两人中应选派一人来西北探亲，这自然不需要多说。

因为乡试临近，耽误了好几个月，放榜后十来日，孝同才从湖南启程也就不奇怪了。但念谦兄弟年纪幼小而嫩弱，且父母双亡，实在令人可怜，又如何能带着他西行，在漫长的路途上经历无尽的艰难困苦，赶赴这数千里之外寒冷的边关？假如路上生病了，难以寻医问药，只能使我凭空增添许多忧虑和牵挂。你们如果能想到老父亲和亡故的兄长（孝威），又怎么能毫不在意地这么做呢？你们的生母已经六十六岁，到我这儿不能照顾我，反过来还需要我来照料（她），你们也应该知道这件事。

前年孝同曾经提及，下次将带着念谦等人一起来西北，我当时便责备这样做不妥。今年十月初接到从湖北来的家信，听说孝宽已经换船沿着汉江而上，却未得到他们是否抵达襄樊的消息，看来这个月内还不能到达西安。你们带着家属长途跋涉，又是在一年中最寒冷的季节，使我的心一直悬着放不下来。

最让我感到不理解的是，闰三月以后就没有接到孝宽、孝勋的一个字，大概因为孝同这次来西北探亲并不是我的本意，害怕我从中阻拦，有意将这件事情隐瞒过去。而我多次写信给你们询问各种事情，也都没有一字回复，这是为什么呢？你们或许可以说孝同将当面与我细说，但没想到七八个月时间不写家书给我，又是什么居心呢？我写到这里，也没有什么可说的了。

| 简注 |

／

① 驰驱：奔走效力，尽全力效劳。

② 不遑：没有时间，来不及。

③ 稚弱：幼小而嫩弱。

④ 远道风霜：比喻旅途上或生活中所经历的艰难困苦。

⑤ 恝（jiá）然：不在意的样子。漠不关心貌，冷淡貌。

⑥ 耗：音信，消息。

⑦ 挈（qiè）眷：带领家属。

⑧ 数九天气：指冬至后开始的九个"九"天，是一年中最寒冷的时节。也指进入这个时节。

⑨ 阻截：阻挡，拦截使不能进行。

⑩ 心肝：良心、羞耻心。

｜ 实践要点 ｜

年近七旬还在寒苦边关为国征战的左宗棠，面对军情险恶、政务繁杂和家中白发人送黑发人的伤痛，非常需要家人的慰藉，特别盼望温暖的家书，急切希望家人尽快来到身边。老父在苦苦等待中的言辞难免会有过激之处，是完全可以理解的。所以，儿女孝顺父母，不仅仅是物质满足和电话问候，在可能的情况下，还是尽量多一点身边的陪伴吧。

与孝同（不可沾染官场习气、少爷排场）

谕孝同知悉：

在督署^①住家，要照住家规模，不可沾染官场习气、少爷排场，一切简约为主。署中大厨房，只准改两灶，一煮饭，一熬菜；厨子一，打杂一，水火夫一，此外不宜多用人。两孙须延师课读（已托石翁代觅），尔宜按三、八日作诗文，不准在外应酬。

| 今译 |

你们在总督衙门暂住，要按照平时在老家居住的规矩和模式，不要沾染官场的不良习气和官宦子弟的少爷排场，一切生活起居应该以节俭简省为主。总督衙门的大厨房，只准改成两个灶，一个用来做饭，一个用来做菜；只能聘用一个厨师、一个打杂帮工、一个水火夫，除此之外，不能有更多的佣人。两个孙子要请老师教他们读书（我已经请石翁帮忙留意寻找合适的老师），你应该按照逢三、八的日子在家写作诗文，不许去外面应酬。

① 督署：总督衙门。

　　左宗棠白头临边，督战陕甘，对家中亲人尤为挂念，尤其是周夫人、长子孝威及其妻子去世后，他几乎在每封家信中，都要悉心询问家中大小是否平安。左宗棠为儿子们着想，希望儿子们能有一人前往军营中就近侍奉，以尽孝道，以慰亲情。孝同携家眷抵兰州，于是左宗棠在家信中对居家事宜做了安排，总的原则是"简约"为上，不沾染官场习气和少爷排场，叮嘱孝同谢绝应酬，在衙门内安心读书，切莫虚度时光而荒废学业。

　　对于儿子带生母及家眷来兰州省亲，左宗棠连总督衙门只能聘用一个厨师、一个打杂帮工、一个水火夫等细小事情都作出明确要求，可以看出他先公后私的治家之严，甚至可以说是有公无私。这种勤俭节约，与平时屡屡大方地周济穷困形成鲜明对比，就像一种文化基因代代传递给他的儿孙。上有所恶，下必不为。勤俭是持家之本，兴业之基，有助于形成优良的家风、政风和民风。

光绪六年

与孝同（多读书则义理不隔，肯用心则题蕴毕宣）

字谕孝同：

　　七月以后，天气渐凉，尔可奉生母挈眷①回兰，细心读书，专意务正，免贻我忧。楷字总少帖意，是临摹欠工夫，亦由心胸中少书味耳。及时力学，尚不为迟。来禀②内有"庶觉阴侵，稍可避暑"两语，"阴侵"两字殊不妥，"侵"或是"浸"字之误耶？

　　语云："秀才不中举，归家作小题。"盖谓多做大题则思致庸钝，词意③肤浅，摇笔满纸，尽是陈言，何有一语道着？宜其不能动人心目也。要作几篇好八股，殊不容易。多读书则义理不隔，肯用心则题蕴毕宣，而又于"法脉④"两字细细推寻，勿求其合，乃可望有长进。若下笔构思尽归端宽一路，将终身无悟入处矣。兹选定《四书》、诗题廿一道付尔，每月六课，自限一日完卷寄阅。

　　　　　　　　　　　　　　　　　六月初一日哈密大营

（所附作文题）

父在观其志　　就有道　　先行其言　　是亦为政　　而耻恶衣恶食者　　再斯可矣　　今女画　　吾亦为之如不可求　　日怨乎日求仁而得仁　　得见有恒者　　人而不仁疾之已甚　　孔子曰才难　　如有所立卓尔　　言之得无怍乎　　日然则师愈与　　子欲善　　忠告而善道之　　必世而后仁　　如知为君之难也　　如其善而莫之违也　　抑亦可以为次矣　　佳句法如何　　青眼高歌望吾子　　水中盐味得诗禅　　重与细论文　　同学少年多不贱　　鞭心入芥舟　　青灯有味似儿时　　搔首问青天　　渭北春天树　　明月前身　　百川学海　　却望并州是故乡　　一寄塞垣深　　庖丁解牛　　何时一尊酒　　江上同舟诗满篋　　绿满窗前草不除　　自谓是羲皇上人　　白云却在题诗处　　王尊叱驭得忠字　　明月入户寻幽人

| 今译 |

七月份以后，天气渐渐凉爽，你可以侍奉你的生母（张夫人）和家眷回到兰州，认真读书，专心走正道，免得让我担忧。你写的楷书总是缺少书帖上的意

趣，是因为在临摹上下的功夫不足，也是由于平时读书积累不够、心中缺少书法的韵味。你现在努力学习，还来得及。你的来信中有"庶觉阴侵，稍可避暑"两句，"阴侵"两个字在这里用得不妥，"侵"或许是"浸"字的误写吧？

俗话说："秀才不中举，归家作小题。"（如果秀才没有考中举人，应该回家选一些小题目好好来练习揣摩写文章。）因为题目太大，反而导致思想平庸愚钝，语词所表达的涵意缺乏深度，动笔写得密密麻麻，却都是陈词滥调，哪里有一句说得明白的话？这样的文章是不能打动人心而让人眼前一亮的。要写出几篇优秀的八股文，并不是容易的事情。多读书才能切近义理，肯用心琢磨才能将题目所蕴含的内容完美地表达出来，还要从文章的法度和脉络两方面好好研究，寻求最好的结合点，写文章才能有进步。若下笔构思落入四平八稳泛泛而论的俗套，则一辈子都不能领悟写好文章的门径。现在从《四书》、诗题中选定二十一道题目一起寄给你，每月分为六次功课，要限定自己在一天内完成答卷，然后寄来给我审阅。

（所附作文题略）

| 简注 |

① 眷：家属。

② 来禀：来信。儿子给父亲写信，称为禀告。

③ 词意：语词所表达的涵意。

④ 法脉：法度和脉络。法，法度，写文章的文体和框架。脉，脉络，文章的结构和表达方式。

　　左宗棠将自己求学路上的多年心得和盘托出，讲述读书作文之法，指出书法功力不到的地方和错别字，亲自出题，还要求写完寄来批阅。对于孝同学业上的事情考虑得很周详，这已经不仅仅是一位父亲了，更像一位严格而慈爱的老师。

　　好的父母，不仅仅给予子女物质生活保障，还要在言行举止上树立典范，更要帮助子女在学业和思想上一步一步成长。随着子女的成长，子女对父母的要求和期望也会越来越高，所以父母要和子女一起与时俱进！

与孝同（不失寒素佳子弟规模）

返兰后伏案读书，谢绝应酬，勤写家信，庶不失寒素佳子弟规模，至要至要！

近作《冯中允家传》^①刻好，以十本寄来，可与丰孙辈读之，亦见乃翁^②病中思力^③不减。冯君乃同年^④生中有学问者，平浙时踪迹相近而音问不通。殁^⑤后五年，乃为作佳传，俾吴越士夫有所观焉。

六月廿三日哈密

| 今译 |

你返回兰州后应该努力伏案读书，谢绝一切应酬，多写家信，这才是一个寒素人家好弟子应有的样子，切记，切记！

我最近写的《冯中允家传》已经刊刻好了，寄回十本，你可让丰孙那些晚辈们也来读一读，这也可以看出，你父亲虽然病中，但思虑所及的程度和以前没什么差别。冯桂芬君是我们同年中举的儒生中很有学问的人，我平定浙江的时候，他与我行踪相近然却因为战乱而不通音讯。他去世五年后，我才为他写了一篇好的传记，从而使得江浙一带的士大夫对他的才德能够有所了解。

简注

①《冯中允家传》：即《中允冯君景庭家传》，为冯桂芬作的传。冯桂芬，晚清思想家、散文家，字林一，号景亭，又号景庭，江苏苏州人。

② 翁：父亲。

③ 思力：思虑所及的程度、范围。

④ 左宗棠和冯桂芬都是道光十二年乡试中举。

⑤ 殁（mò）：死。

实践要点

寒素佳子弟的标准是什么？简而言之，就是勤耕苦读、简朴务本。家风需要世代积累，尤需长辈以身作则。父母希望子女成为什么样的人，最好的方法就是自己先成为那样的人。

左宗棠正是这样言传身教的。他贵为封疆大吏，统帅三军，生活极其朴素，与士兵同甘共苦，用廉俸接济他人；军务繁杂之余勤于读书写作；尤为可敬的是，他在六十八岁时，从甘肃酒泉出发，踏上前往新疆哈密的征途，命亲兵"舁

（yú）榇（chèn）以行"（抬着棺材行进），以表示抗俄收回伊犁的决心，警动中外，真可谓"老当益壮，宁移白首之心"！连年老多病的父亲在军营中都勤学苦读，还有文章寄回来传阅，家中子孙又有什么理由闲游嬉戏呢？

与孝同（世延处以千金与之）

孝同知悉：

世延处岂可不为安顿，我意以千金与之，尔等总不以为意。宽、勋始终无一字及之，不解何故也。乡俗知利忘义，大率如此。我如还家里居，当自为布置，瞑目以后始听不肖辈再为所欲为已耳。

尔与勋学业既无长进，岁科不能望高等，故我拟为尔捐廪贡①，为勋捐附贡②，可应京兆试③，免岁科④两度奔驰。尔意既不愿就，则捐贡之说当作罢论。如尔等能作文应试，固我所乐也。由廪附平进岂非好事？况将来呈递遗折，尚可望加恩乎！已致吉田，此事无庸议矣。

| 今译 |

世延侄儿那边怎么能不帮他安顿呢，我准备送他一千两银子，你们总是不把这件事放在心上。孝宽、孝勋始终没有一个字提及他家，不知是什么原因。乡间的世俗之人见利忘义，大多就是这个样子。我如果告老还乡，当会亲自布置，等我死了以后再听凭你们这些不肖之辈去为所欲为吧。

你与孝勋学业并无长进，不能指望你们通过岁试、科试而更上一层，所以我打算给你捐贡生，给孝勋捐为副贡，取得可以去京城考试的机会，避免因（花时间精力）参加岁试、科试这两次考试而来回奔波。你们既然不愿意这样办，那捐贡生一事就先作罢不说了。如果你们能够通过写作诗文参加科举考试，当然是我高兴看到的。通过捐贡来进阶仕途难道不是好事吗？何况将来向朝廷呈递我去世后的遗折，还有希望得到额外的恩典呢！我已经写信给吉田，这件事就无需再讨论了。

| 简注 |

① 廪贡：非科举正途而是通过捐纳取得的例贡生的一种，指原科举功名是廪生（秀才中的最高档）的例贡生。

② 附贡：非科举正途而是通过捐纳取得的例贡生的一种，指原科举功名是附生（秀才中的最低档）的例贡生。

③ 应京兆试：参加京城的考试。

④ 岁科：清制，各省学政一任三年，到任后第一年举行岁试，第二年举行科试。合称岁科。

| 实践要点 |

周济世延侄儿一事，孝宽、孝勋没有表态，左宗棠感到不可理解，觉得这是

世俗的见利忘义的行为。他感到很失望，因此难免出语激愤。周急济困、重义疏财，是左宗棠一贯秉持的仁爱之心的体现，他要求儿子们接人待物也遵循这一指导原则，并理解父亲的良苦用心。

他希望子孙都能自强自立，自食其力。但看到儿子们的学业不如人意，又不得不替他们打算，比如打算给孝同、孝勋捐贡生，这样才能顺利去京城参加科举考试，这是一种矛盾心态。从他内心深处来说，他更加希望儿子们凭借自己的本事在社会上有一番作为，而不是靠着父亲的庇护。所以，当儿子们也不赞成时，他就不强求了。

> 尔辈少小，未尝用心读书，就天分而论，尔优于勋。然自汝兄亡后，家事分心，又不肯就师肄业，致所学旋荒，诗文不进且日退矣。付呈课文与诗均不见思路笔路，且语句亦多疵颣①，肤庸浅滑，下笔满纸。盖由平时于义理少研求，惟揣摩时文②腔调，以致于此。我驰驱戎马③，未暇督课，又未能择延名师与尔讲习，于尔辈何尤④。兹将诗文评改寄还，尔可细心阅看。入居节署⑤，读书最乐，勉之，时不可失也。
>
> 七月二十日（书）

你们从小就没有用心读过书，从天赋来看，你比孝勋高。但自从你哥哥去世后，你因家事分心，又不肯跟着老师学完功课，以至于学业很快就荒废了，诗文不但没有进步，反而一日比一日退步了。我看了你寄过来的诗文，觉得没有思路文笔可言，同时词语和句子方面多有不当之处，肤浅庸俗的东西，几乎满纸皆是。这都是由于你平时对写文章的方法和思路琢磨得太少的缘故，只是一味揣摩八股时文那种腔调，以至于到了这个地步。我常年在外督战，没有时间督促你们学习，又没有请名师好好跟你们讲习文章之道，实在也不完全是你们的过失。现在将诗文批改寄回，你们拿到后要仔细阅读体会。（居住）在衙门里，能好好读书，是人生最快乐的事情，你们要好好珍惜，不要白白浪费了这样的好时光。

| 简注 |

/

① 纇（lèi）：缺点；毛病。

② 时文：科举时代称应试的文章，即八股文。

③ 戎马：军马，借指军事、战争。

④ 尤：过失。

⑤ 节署：总督衙门。

　　虽然和儿子常年不在一起，但是通过零散的信息、家书和诗文，左宗棠还是在认真观察他们，以发现每个人的禀赋和不足。可惜的是，在读书作文方面，儿子们与他的要求还有距离。他既站在儿子的角度找原因，也站在父亲的角度反躬自省，比较客观公正。

　　他知道，母亲和兄嫂病亡等家庭变故，对儿子们的学业产生了影响。特别是自己成年累月南征北战，和儿子们聚少离多，"未暇督课，又未能择延名师与尔讲习"，对自己未能完全尽到父亲的责任作出自我批评。其中，既有严于律己的自责，更有对儿子的愧意。其实，他只要有闲暇，就会在军营中批改儿子们的功课，家书中屡屡出现作业评语就是证明。左宗棠的反省自责，不仅无损于父亲的形象，留给儿女们的反而是更高大的形象和更宝贵的精神财富。

图书在版编目（CIP）数据

左宗棠家训译注 /（清）左宗棠著；彭昊，张四连
选编、译注 . 一上海：上海古籍出版社，2020.7
（中华家训导读译注丛书）
ISBN 978-7-5325-9676-8

Ⅰ.①左⋯ Ⅱ.①左⋯ ②彭⋯ ③张⋯ Ⅲ.①家庭道
德—中国—清代 ②《左宗棠家训》—译文 ③《左宗棠家训》
—注释 Ⅳ.① B823.1

中国版本图书馆 CIP 数据核字（2020）第 109256 号

左宗棠家训译注
（清）左宗棠　著
彭昊　张四连　选编、译注

出版发行　上海古籍出版社
地　　址　上海瑞金二路 272 号
邮政编辑　200020
网　　址　www.guji.com.cn
E-mail　guji1@guji.com.cn
印　　刷　启东市人民印刷有限公司
开　　本　890×1240　1/32
印　　张　15
版　　次　2020 年 7 月第 1 版　2020 年 7 月第 1 次印刷
印　　数　1—3,100
书　　号　ISBN 978-7-5325-9676-8/B·1165
定　　价　69.00 元

如有质量问题，请与承印公司联系